地球リポート

Think the Earthプロジェクト＝編

アサヒビール株式会社発行■清水弘文堂書房編集発売

一日何回、地球のことを想うだろう……

「エコロジーとエコノミーの共存」をテーマに、

日常生活のなかで地球や世界との関わりについて考え、行動する、きっかけを。

第二章　市場社会との両立への動き

第三章　循環し永続する場所づくり

発刊に寄せて

Think the Earthプロジェクト理事長　水野 誠一

ここ数年間で人々の関心は大きく変わってきた。

２００１年に「Think the Earth プロジェクト」を発足させたころは、まだ環境問題に対する社会の関心が十分に高いとは言えなかった。

その当時、殊に企業にとって「エコロジー＝環境配慮」という課題は「エコノミー＝経済効率」と相反するものだと思われていた。

今でも大半の企業の理解はその程度なのかもしれない。

それを変えるには、社会を構成する人々の関心を地球環境問題に向け、いずれ政治を動かし、さらに企業や経済の価値観を効率一辺倒から脱却させるしかない。

だからこそ環境意識を個人ひとりひとりのなかから喚起するために、「一日一回でもいいから地球のことを考えてみよう」という呼びかけるささやかな運動として、この「Think the Earth プロジェクト」を立ち上げたのだ。

その間、次第に世界の政治の枠組みでも、環境問題が大きな比重をしめるようになった。京都会議でまとまった京都議定書の発効などもその一歩である。

しかし現代文明のトップランナーであるアメリカがそれを批准しなかったということからもわかるように、世界の環境問題解決は苦難の道であることには変わりない。とは言え、欧州を中心に世界市民の関心が日一日と高まりつつあるなかで、さらにその勢いを促進させたのは、クリントン政権での副大統領アル・ゴア氏の『不都合な真実』という書籍と映画の力だったのではなかろうか。

この主張の誤りや矛盾点を数えあげるのは簡単であろう。

だが、かつてのアメリカ副大統領にして、２０００年の大統領選では現ブッシュ大統領に惜敗したアル・ゴア氏が立ち上がったというところに、何者にも代え難い大きな意味がある。

国際政治の取り組みが本格化し、社会の人々の関心も大きく環境配慮にシフトしたことによって、いかなる企業も環境問題への無視や無関心は許されないことになった。またそのなかで、環境技術の先取りと開発が、思いもしなかったビジネスチャンスにつながった事例も枚挙に暇がない。

そこでは「エコロジー＝環境技術」が「エコノミー＝経済効果」と見事に一致したことになる。20世紀の知識を21世紀の知恵に昇華させた成果ともいえる。

だがCO_2の削減といった具体的目標を達成する挑戦となると、それを政府や企業だけに任せればいいというわけにはいかない。

なぜならば、環境問題への「文明的対症療法」には必ず限界と矛盾が潜んでいるからだ。自然を征服して、快適な生活環境をつくってきたのが「文明」だとすれば、それがもたらした矛盾が、今日の環境問題や資源問題なのであるから、今こそ「文化的根治療法」にまで思いを馳せる必要がある。文明の進化が不十分だった時代の「暮らしの知恵」の復活といえる。こうした生活文化からのヒントは、世界のあちこちに散在しているはずだが、画一的な文明化の下に忘れ去られているものも少なくない。

今こそ暮らしのなかで、生活者ひとりひとりが、「われわれが生命を与えられているこの地球の環境をいかに子孫に受け継げるか」、「そのために今日はなにができるか」を考え、実践していく必要がある。

だからと言って原理主義的な環境論に与するのではなくて、人類の本来持てる知恵を使い、各地の生活文化のなかからヒントを読み取り、日々の暮らしでささやかな実践を続けなければならないのである。

この出版シリーズの生みの親でありプロデューサーであった畏友・礒貝浩さんから、「Think the Earth プロジェクト」の活動について書いてみないかとお誘いを受けたとき、私は漠然と以前から温めている「環境論」を書こうかと考えていた。だがその直後、礒貝さんが急逝された。大きなショックだった。

その悲報が私の考えを変えた。悩んだ末に、Ｗｅｂ上で展開している多くのメンバーからの「地球リポート」を加筆収録させて頂くことにした。いかなる「論」よりも仲間たちから寄せられた「事実」に忠実なリポートの方が、より大きな説得力を持つと考えた結果である。

ひとりひとりの小さな気づきの蓄積から、環境は変わりうる。

今地球上でどんな問題が起こり、それに対してどんな対応がされているのか、その細やかな事実の報告が「地球リポート」なのだ。

これは生涯冒険家としてフィールドワークを大切にされてきた礒貝さんが、天国から私に贈ってくれたアドバイスのような気がしてならない。

読者各位には、この本にこめられたヒントと知恵をお読み取りいただければ幸いだ。

※本書に収録されたリポートは、取材当時より情報が変更されている箇所については取材先に確認した上で加筆訂正して掲載していますが、基本的には取材当時の情報により構成されています。

S　T　A　F　F

PRODUCER 礒貝 浩　礒貝日月（清水弘文堂書房）
DIRECTOR あん・まくどなるど（国際連合大学高等研究所）
CHIEF EDITOR & ART DIRECTOR 二葉幾久　春山ゆかり
DTP EDITORIAL STAFF 石原 実　小塩 茜（清水弘文堂書房葉山編集室）
COVER DESIGNERS 武田英志／二葉幾久　黄木啓光　森本恵理子（裏面ロゴ）

□

アサヒビール株式会社「アサヒ・エコ・ブックス」総括担当者 谷野政文（環境担当執行役員）
アサヒビール株式会社「アサヒ・エコ・ブックス」担当責任者 竹田義信（社会環境推進部部長）
アサヒビール株式会社「アサヒ・エコ・ブックス」担当者 高橋 透（社会環境推進部）

ASAHI ECO BOOKS 23

地球リポート

Think the Earthプロジェクト

アサヒビール株式会社発行　清水弘文堂書房発売

1

世界各地からの考えるヒント

未来をつくる

世界の先端 エコ・プロジェクト

世界各地からの考えるヒント 1

上田 壮一
（Think the Earthプロジェクト）
飯田 航
（地球の芽）

2004年4月5日掲載

滋賀県近江八幡市に、地球環境との共生を目指した次世代コミュニティ（通称「小舟木エコ村」）をつくる計画が進められています。この計画は、環境配慮と市場性の両立にチャレンジすることで普遍性を持たせ、持続可能な開発において世界のお手本となることを目的としています。それだけでもユニークなのですが、さらに、中心部にアースコミュニティ・インスティテュート（以下、ECI）と呼ばれる研究施設（まなびや）をつくり、次の時代を担う若者が育つ場をもつくり出そうとしています。

このECI設立に向けて、持続可能な開発や研究において、世界的に評価されている研究所や開発プロジェクトを訪ね、ネットワークをつくる旅が3回にわたって行われました。アメリカ、イギリス、ドイツ、イタリア、スウェーデン、デンマークと巡ったその旅から、3つのプロジェクトに注目してリポートします。

1　ロッキーマウンテン研究所（アメリカ、コロラド州スノーマス）

自然資本主義の実現を目指せ

アメリカ、ロッキー山脈のほぼ中央、標高約２２００メートルの高地。冬の外気温はマイナス44度、年平均気温はわずかに零度を上回るに過ぎず、一年中降りる霜と激しい乾燥。そんな厳しい自然環境のなかに、資源とエネルギー効率に関する世界的シンクタンクであるロッキーマウンテン研究所（以下、ＲＭＩ）があります。この必ずしも便利・快適とは言えない場所に、ＲＭＩの中心人物であり同研究所の所長であるエイモリー・Ｂ・ロビンス博士をはじめ、エネルギーに関する第一級の研究者が世界中から集まり、グリーン・ディベロップメントに関する建築のデザインやコンサルティングなどを行っています。研究所は１２０坪（３７２平方メートル）の敷地内に住居、バナナなどが茂る熱帯庭園、リサーチセンターを抱える複合施設です。

短期的な労働の生産性よりも、長期的な資源の生産性を高める技術に立脚した新しい社会へ向けたパラダイムである〝Natural Capitalism〟（自然をモデルとした資本主義）や、環境負荷の少ない建築と開発を目指す〝Green Development〟の研究、「分散型の小さなエネルギーシステムの方が経済効率が高く、利潤を生み出す」ということを豊富な事例に基づいて立証した〝Small is profitable〟の研究、また交通の効率性についての研究のほか炭素繊維を使った先進複合材料のデザインを行うFiber Forge社を設立するなど、今まさに世界が直面している課題を解決する研究を80年代なかばから行っています。

ＲＭＩの最も大きな特徴は、研究所の建築そのものがグリーン・ビルディングの可能性を実証していることでしょう。この建物では従来型の暖房設備は使っていません。99％以上の熱はパッシブソーラー（窓を大きくしたり、効果的な蓄熱材を使ったりするなどの受動的な太陽エネルギー利用）により獲得しています。例えば建物の外壁は40センチメートルほどの厚さがあります。窓ガラスは、フィルムや特殊なガスが充填された、いくつもの層で形成され、優れた断熱効果を発揮するスーパーウインドーを使用しています。当然通常の窓より初期投資はかかりますが、例えばファンやパイプ、ポンプ、タンク、ワイヤ、コントロールパネルなど、暖房のために必要な別のコストが必要なくなるので、スーパーウインドーの方が安くつくこともあるそうです。

16米ドル／平方メートル（床面積）の追加投資で、暖房や温水のためのエネルギーの99％、家庭用電気の90％をまかなえるとのことで、月々の電気代はなんと約5米ドル！　太陽電池パネルで生産された電力を電力会社が買い取ってくれているため、研究所から電力会社に「領収書」を送ることもあるそうです。

ロビンス博士は言います。「これらを実現するために余計にかかるコストは、１９８３

年の技術でも10か月で回収できます。私たちは20年以上前の技術で、よりうまくやっていけるということです（笑）。一般家庭ならもっと簡単にできるでしょう」

この話は、ともすれば技術の進歩にばかり目を向けてしまいがちな私たちにとって興味深いものです。

　博士はさらに続けます。

「なんでこんなところに研究所をつくったのだ？　という人もいますが、鍵をかける必要がないくらい安全ですし、とても住みやすいところです。ただし建物のなかでは、ですが」

　実際、私たちが訪ねたときも研究所には鍵はかかっていませんでした。博士をはじめとした研究者の人柄も温かく、サステナビリティに貢献したいと志す若い学生をイ

右：　研究所内でひときわめだつ緑の空間は、まるでジャングルのよう
左：　朝早くから私たちを案内してくださったロビンス博士

ンターンとして受け入れるなど、非常にオープンな研究所なのです。

最後に、ロビンス博士から日本の若者へのメッセージを頂きました。

「Green Development に関心を寄せる若者が増えていることを本当にうれしく思っています。ナチュラル・キャピタリズム（自然資本主義）というのは非常に勇気づけられますし、また興味深いテーマだと思っています。世界の変化は、そのスピードと激しさをさらに増しており、より不確実な時代に生きることを覚悟する必要があるでしょう。しかし、悲観することはありません。さまざまな兆候が世界各地で同時多発的に起こり始めています。日本は、経験や技術、文化など、世界に貢献できる可能性に溢れています。ナチュラル・キャピタリズムの実現に、西洋とは別の角度から光を当てることができます。また、あなたたち自身、若者自身が希望なのだということを忘れないでください。世界を変える選択をするかどうかは、常にあなたたち自身の問題なのです」

2 ブッパタール研究所（ドイツ、ブッパタール）
世界の環境政策に貢献するシンクタンク

ブッパタール研究所は、ドイツ、デュッセルドルフ近郊、ブッパタールにある気候変動・

エネルギー・環境に関する世界的なシンクタンクです。地域、国家、国際といったさまざまなレベルでの持続可能性を促進するため、〝応用〟に主眼をおいた調査・分析を通じて、環境政策のガイドラインや戦略、手段の探求と開発を行っています。生態系そのものはもちろんのこと、生態系と経済と社会との相互関係に主眼をおいたその活動は、ドイツのみならず世界各地・各国・そして国際的な環境政策に対して大きな影響力を持っています。１９９４年に設立され、「豊かさの増大と資源の消費とは別のものである」ことをテーマに、約１２０人のスタッフが下記の４つのカテゴリーで研究を行っています。

＊ Future Energy and Transport Structures〈未来のエネルギーと交通の構造〉
＊ Energy- Transport- and Climate Policy〈エネルギー、交通と気候政策〉
＊ Material Flows and Resources Management〈物質循環と資源のマネジメント〉
＊ Sustainable Production and Consumption〈持続可能な生産と消費〉

ブッパタール研究所では、世界全体の物質の循環、資源の利用について、資源をどれだけ有効に利用したか（＝エコ・エフィシェンシー、資源効率性）だけでなく全体としてどのぐらいの負荷がかかっているのかを調べることが重要だと考えています。つまり、製造・利用・廃棄の段階だけでなく、地球から資源を取り出す段階まで含めた物質循環を重視するという新しい視点で、マテリアルフロー（物質の流れ）を調査・分析しています。製品のライフサイクル・アセスメント（ＬＣＡ）などの言葉が一般的になるなか、これまで触れられることがなかった製品の材料を取り出す工程に、非常に大きなエネルギーが使われていることに着目。グローバルな物質循環の流れを追うことで、「国家の（隠された）体重（Weight of Nations）」という報告書をまとめています。

　この報告書をまとめたライモンド・ブライシュビッツ博士によれば、人間と技術の関係について興味深い調査結果があるとのこと。同じ最新型のテクノロジーを採用したエコロジカルな住宅でも、住む人次第でエネルギー利用量に２倍の開きがあるといいます。この結果は、地球環境に対するインパクトを低減させるためには、技術の進歩以上に人間自身が向上することが必要だということを示唆しています。「技術と人間の関係性を考えた技術、人間が成長することを考慮した技術開発の重要性が増してきている」と彼は主張しています。

　また、所長を務めるピーター・ヘニッケ博士は日本とドイツの環境運動の変遷と展望について次のように話してくれました。

「１９７０年代から、日本やドイツは環境問題の解決に向けて着実に成長してきました。第１段階が行政や産業界への規制対応の要求。第２段階が行政・企業による『出口』対応。

第3段階がエコパイオニアの登場による、概念から現場への垂直方向への発展。第4段階が水平方向への爆発的な展開期。ドイツも日本もまだ第3段階。これから第4段階に移行しようとしているところだと思います」

脱原発、自然エネルギーへの政策転換に成功しつつあるドイツは、まさに今、第4段階に突入し始めています。実際はドイツの方が日本よりはるかに進んでいるという感触を持ちました。

同研究所では最近、日本政府の依頼により、ヨーロッパのエコ・プロフィット運動について調査を進めています。エコ・プ

右：　ブッパタール研究所所長のピーター・ヘニッケ博士
新世代エネルギーの開発と普及に関する研究、政策立案などに携わっている。奥はライモンド・ブライシュビッツ博士

左：　研究所に設置された太陽電池パネルの情報をリアルタイムで計測
上段から現在の発電量、現在までの総発電量、2000年3月から削減した二酸化炭素の総量が表示されている

ロフィット運動は、１９９０年代なかばにオーストリアのグラースで、ローカルアジェンダ21の行動計画（１９９２年の地球サミットで採択されたアジェンダ21に対して、各国の地方公共団体が持続可能な開発に向けて策定することが求められている行動計画）の策定に向けて、企業を含めた実践のプラットフォームの開発のなかで生まれてきました。この運動では中小企業が中心となって、廃棄物、エネルギー、水、輸送に関する「利益を生み出す解決策」を開発しています。より低廉な自然エネルギーの開発など、特にエネルギー産業で活発な動きを見せています。２００４年時点で、ドイツだけでも40社が参画し、ＥＵ全体で１２３のプロジェクトが動いています。企業が動かなければ社会は変わらない。とはいえ企業の自助努力だけでは新たな市場の形成は難しい。だからこそ、ステークホルダー（利害関係者）を結ぶ優秀な仲介役がプロジェクトの成功のカギを握るという認識がドイツでは浸透してきています。

プログラム、教育、情報公開と共有、アジェンダの設定。これらをいかにうまくやるか、というときに、分析学、社会学、心理学など、多岐にわたる知識と経験が求められることは間違いないでしょう。

ヘニッケ博士は日本とドイツの関係について、次のように語ってくれました。

「水平展開期のキーである地方分権では、日本よりドイツが進んでいます。経済のグローバル化が進むなかで、地域経済が競争力を持つとはどういうことでしょうか？ それは地域に根ざした雇用と産業を生み出すことです。これが地域経済に安定をもたらすと考えられます。そのような地域の課題に対するソリューションは〝ゼロからつくる〟ものではありません。〝新しい協力関係のなかからうまれる〟ものなのです。つまり最後に重要になるのは、関連する人をどのように組織するか、ということなのです。今、日本とドイツは共通の未来に向かって進もうとしています。両国が地域レベル、国家レベル、そして国際的な舞台において、コラボレーションを行っていく可能性は大いにあると感じています」

3 ＢｅｄＺＥＤプロジェクト（イギリス、ベディントン）

化石燃料からの脱却を目指した住宅開発

ロンドン近郊のベディントンにある、下水処理場の浄水場跡地・再開発プロジェクトとして１９９９〜２００１年６月まで行われたベディントン・ゼロエネルギー・デベロップメント、通称ＢｅｄＺＥＤプロジェクト。総事業費約30億円という、英国で初めての大規模なカーボンニュートラル（二酸化炭素の増減に影響を与えない）なコミュニティ開発であり、省エネルギーに関して幅広い可能性を示唆している開発プロジェクトです。

BedZEDのコンセプトはプロジェクト名にもなっているZED、すなわち〝Zero fossil fuel Energy Development〟（化石燃料ゼロの開発）です。地域の開発公社であるピーボディー財団とパートナーシップを組んでいる2つのキーとなる組織、バイオリージョナルとZEDファクトリーが、このコンセプトを市場において実現可能なものとして結実させました。

　バイオリージョナルは、「地球1個分の生活」＝〝One Planet Living〟（以下、OPL）を提唱するNGOです。彼らのコンセプトは、カナダのブリティッシュ・コロンビア大学のウィリアム・リース教授らが開発した指標、「エコロジカル・フットプリント」に基づいています。エコロジカル・フットプリントとは、ひとりの人間が生活するために、地球の表面積をどれだけ占有しているのか、エネルギーや食物の消費量から、国ごとにその数値を導いたものです。現在英国人ひとり

外観は地元の木材や石材と最先端の自然エネルギー利用機器をいかしたデザイン
プロジェクトのシンボルともいえる、カラフルな熱交換型換気設備。背びれが換気に最適な風向きの自動追尾を可能にする。ユラユラ動く姿が生きものを連想させる

あたりが占めている地球の地表面積は、6・7ヘクタール（日本人は5・94ヘクタール）。この生活を60億の人間が行うと、地球が3個必要になります。バイオリージョナルは先進国のこのようなライフスタイルを転換して、60億の人間が地球ひとつ（エコロジカル・フットプリントではひとりあたり2ヘクタール以下）を公平に分け合い、しかも生活の質を向上することができる社会づくりを目指しています。

BedZEDでは1個分までには届きませんでしたが、1・6個分で暮らせるライフスタイルが実現しました。バイオリージョナルのディレクターであるプーラン・デサイー氏はこのプロジェクトをどのように見ているのでしょうか。

「このような比較的大きい規模の住宅供給は初めての試みでしたが、成果はまずまずと言ってよいと思います。分譲、賃貸、オーナー制のほか、政府や地元の自治体によって、地域に必要な人材である看護士のための住宅として利用されることで、地域の需要とマッチすることができたこともひとつの要因です。特定の世代や客層ということではなく、サステナブルな開発やライフスタイルに対する人々の要求が年々高まっていることも大きな追い風となっているのではないでしょうか。また、OPLというコンセプトがBedZEDの実現によって評価されてきていると感じます。

現在、ポルトガルでZEDコンセプト（化石燃料ゼロの開発）の下、6000世帯の住宅開発プロジェクトを手がけることが決まっています。ここでは、Zerc Carbon（二酸化炭素排出ゼロ）と、Zero Waste（ゴミゼロ）を目標にしています。建築家のノーマン・フォスターとともに２０００世帯の住宅を供給するプロジェクトも進展しています」

ＢｅｄＺＥＤの建築、建材、素材、そして生活のインフラストラクチャーにいたるまでをプロデュースし、特にファシリティーを支えるユニークなプロダクツを手がけたのがＺＥＤファクトリー。このファクトリーを主宰するのは建築家、ビル・ダンスター氏です。ＢｅｄＺＥＤは、建築家として長くサステナブル・ビルディングを志向してきた彼の業績のマイルストーンとなったプロジェクトでもあります（ＢｅｄＺＥＤの開発計画をとりまとめた書籍、『From A to ZED』は必見です）。彼はまさしくＺＥＤのための建築家と呼ぶにふさわしく、建

上：　住宅と別棟のプライベートガーデンとを結ぶ
ブリッジは街並みのアクセント
コミュニティ内の交流を促進する効果も

下：　自然素材にこだわった室内は、シックフリーな
住宅に。自然採光によって十分な明るさだ

物の超断熱材、敷地内のエネルギー需要をまかなう廃木材のウッドチップにより電力と熱を供給するコジェネレーションプラント、水の消費量を削減するため、植物の力を借りて雨水や排水を再利用するシステム、車への依存を最小化するグリーン交通戦略、電気自動車を含めた住民用のカークラブ、電気自動車の電力を製造する太陽電池パネルなど、彼の研究と開発の成果は実に多く活かされています。

今後このようなプロジェクトが一般に普及していくためにはどうしたらよいのでしょうか。ビル・ダンスター氏に聞きました。

「このようなサステナブルな建築を手がける際には、現状ではどうしてもコストアップが問題になります。例えば１０００ユニット（世帯）だと事業費全体で15%ぐらいのコストアップとなります。しかしこの規模が５０００ユニット（世帯）を越えると、スケールメリットが出て、ほぼ追加コストがゼロになるのです。また、断熱材については30センチを越えると急に冷暖房が必要なくなる、という状況が生まれます。これをわれわれはステップチェンジと呼んでいます。私は日本の気候の専門家ではありませんが、このように物質投入量の最適なポイントを探っていくことが、きわめて重要だという点では共通しているように思います」

ＢｅｄＺＥＤは２０００年に、王立建築士協会から〝最高のサステナブル・コミュニティ開発に関する賞（best example of sustainable construction）〟を受賞しました。このような優れたコミュニティ開発の事例が日本でも求められています。こうした開発のためには、優れたパートナーシップの形成が非常に重要になります。このことについてプーラン・デサイー氏はこう語っています。

「なにより大切なのは、解決すべき課題を明確にすること。そして、目標の共有、ディスカッション、優秀なエンジニア。われわれはOne Planet Livingというコンセプトがコラボレーションに非常に適したシンプルで強いストーリーであると確信しています。それが社会に共鳴を呼び、社会が変わっていく原動力になります。きっと世界中でパートナーシップを築いていけるでしょう。もちろん、日本の皆さんとも。そう願っています」

4　おわりに――未来の社会をつくる人間力

この旅で最も強く印象を受けたのは、早くは１９７０年代から、長きにわたり強く信念を持ち続け、地球規模の問題を解決しながら新しい未来社会をつくり上げようとする「人間」そのものでした。現在環境問題は、世界中どこにおいても高い優先順位で検討されるテーマですが、彼らがスタートしたのは、そのような社会的コンセンサスはない時代です。おそらく想像を絶する苦労があったはずです。そうした苦労を乗り越えてなお、自分たちの信念を貫き、活動してきた人たち。どの研究所、どのプロジェクトにおいても、そういった強い意志を持つ人々の〝品格〟を見せられた気がします。

これから本格的に始まる小舟木エコ村の開発も、おそらく多くの困難が待ち受けていることと思います。それらを乗り越えていくプロセスにおいて、今回の旅で出会った人たちと手をとり合いながら、新しい時代を拓く若者が日本からも育っていくとしたら、それは本当に素晴らしいことではないでしょうか。それこそが、持続可能な社会をつくっていく上で最も重要なことなのではないか、そんなことを強く感じた旅でした。

社会を変える選択力を人々に

ドイツの商品テスト誌「エコテスト」

世界各地からの考えるヒント **2**

バースリー 朝香
（Think the Earthプロジェクト）

2006年5月31日掲載

1　本当の情報は手に入りにくい

小中学校で、温暖化や身の回りの環境について学ぶ機会が増えたのは1991年ごろ。背景には、年々多発している大規模な自然災害や、アトピーなどアレルギーで苦しむ子どもや大人が増えているということが挙げられるのではないでしょうか。身の回りの自然や人々の身体が変わってきていることを実感するにつれ、自分を取り囲む環境への関心が高まり、自分や家族の身体や環境により良いものを求める人々の思いも高まっているようです。

しかし〝身体や環境に良い〟と一口に言っても、どのような方法や物を選択したら良いのか、考えると難しいですね。

自分が買う物の情報はできるだけ知りたいという気持ちはあるのに、あまりにも商品数が多くて、判断できないということはありませんか？　食品のように必ずラベルが貼られ、成分表示がされていても、各成分の意味や人体に与える影響についての情報は、なかなか私たちの手元にありません。

ある日、ハーブティーを買いに行ったときのこと。ハーブティーなんてどれも同じだと思っていたら、7種類のうち1種類だけ「合成甘味料不使用」と紹介されていました。わざわざラベルに書くということは、ほかの商品は合成甘味料を含んでいるのだろうか？　という疑問を持ち、残りの6種類のラベルを読むと「原料：ハーブ」と書かれているだけ。

結局、店員さんに含有物を確認してもらったところ、合成甘味料は表示義務がないので明記されていないけれど、6つのうち5つの商品に含まれていたことがわかりました。表示義務に反しているわけではないけれど、書かれていることを鵜呑みにしていたのでは本当の情報を入手できないと驚いた出来事でした。

では、企業の打ち出す広告「環境に優しい！」「ヘルシー」などのうたい文句以外に、環境や人体に配慮した商品を選ぶ指針はないのでしょうか？

そんな疑問へのヒントを、ヨーロッパで探してみました。客観的な情報を伝えることで消費者が商品を選択する手助けをするドイツの雑誌「ÖKOTEST（エコテスト）」を紹介しながら〝選択すること〟について考えてみたいと思います。

2 エコロジカルな生活が身近にあるドイツ

今回訪れたのは、ドイツの西部に位置するフランクフルト。ドイツの代表的詩人ゲーテの出身地として知られています。

歴史的建物が多いヨーロッパのなかで、フランクフルトは第二次世界大戦時にほとんどが破壊されたため、新しい街並みが続きます。金融の街としても名高く、ここに支店を置く日本企業もたくさんあります。人口約８６０万人の東京23区と比較すると、わずか60数万人という規模の街ですが、世界中の直行便が行き交うヨーロッパ有数の空港もすぐそばにある国際都市です。

ところで、ドイツと言えば環境立国というイメージがずいぶんと定着していますよね。確かに環境の国といわれるだけあって、ドイツの生活にはエコロジカルな側面がたくさんみつかります。でも、人々は決して特別な生活を送っているわけではありません。

例えば、みんながソーラー発電でエネルギーを補っているわけではないし、自動車もたくさん市中を走っています！　ただ、日本と比較すると、ドイツは食品、日用品、生活雑貨、住宅など、日常のなかで環境や人体に配慮した物事の割合がグッと高く、日常に浸透していることに気がつきます。

例えば、フランクフルト市中にあるビオスーパー。オーガニックな野菜、パン、お菓子から洗剤、化粧品、おもちゃまで揃います。

日本の自然・健康食品店よりも商品数が多く、価格も一般的な商品と比較してわずかに高いだけ。環境や健康を意識している人ばかりでなく、誰もが普通に買い物に来ます。リサイクルだって、フランクフルトでは特別なものではなく、日常のなかにあるもの。

〝Basic bio for all〟というビオスーパーは、一般のスーパーと変わらない売り場面積。量り売りのオーガニック野菜、食品から日用品までなんでも揃います。日本にもたくさんビオスーパーが欲しいとつくづく思います。

次頁上の写真の箱は、なんだと思われますか？遠くから見るとゴミ箱のようですが……。

これは、洋服のリサイクルボックスなのです。引っ越しをするとき、新しい洋服を買ったときに、使わなくなった洋服はゴミに出すのではなくリサ

右：　フランクフルトの古い街並み
中：　季節の野菜やフルーツが揃う青空市場は毎日開催
左：　街の中心地を走るベロタクシー

イクルボックスに入れるのが、フランクフルト住民の習慣。集められた洋服は赤十字社を通して、途上国などで活用されるそうです。街中にたくさんあるボックスはとっても身近なリサイクルの入口です。

写真下、靴ボックスも同じ仕組みです。ゴミとして出すのではなく、靴屋さんの店舗前にある入れ物にポンと入れるだけ。環境を意識した生活が面倒にならない工夫が、街中にたくさんみつかります。

3 身体と環境への影響を身近に知る仕組み

ドイツには、客観的な情報を伝えることで消費者が商品を選択する手助けをする「エコテスト」という雑誌があります。1985年に数名のジャーナリストが、自然や環境影響を考える専門誌として創刊して以来、商品が人体や環境に与える影響を評価する雑誌として、ドイツ人の10人にひとりが読んでいると言われています。

今回、フランクフルトにオフィスを構える「エコテスト」編集部を訪ね、20年近く「エコテスト」の編集に携わってきた副編集長レジーナ・チェイカさんに話を聞いてきました。

「エコテスト」編集部がある建物は、ソーラーパネルが張り巡らされ、生態系や循環を意識したスペースがいっぱいあるエコハウス。ＯｘｆａｍなどＮＧＯのほか、弁護士事務所やカフェなどが入居しています。植物に覆われ、小川が流れる建物内部は『風の谷のナウシカ』の地下研究室を思い出させました。

「エコテスト」は、年鑑、特別号なども発行していますが、一般的に知られているのは月刊誌です。毎月、「食と飲み物」「健康とフィットネス」「コスメティックとファッション」「子どもと家族」「余暇と技術」「住宅と住まい」「お金と法律」という６つのカテゴリーに沿った商品やサービスが３、

上右：　コスメのテスト結果だけを集めた特集号
　　　　美容はドイツでも人気のあるテーマのひとつです
上左：　「エコテスト」編集部がある緑いっぱいのエコハウス

下右：　20 年前からの雑誌がすべて展示されている編集部
下左：　月刊誌と 20 周年記念号。20 周年記念の読者プレゼントはプリウス！

４品ずつ選ばれ、各商品ごとに異なるメーカーの数十種類の製品が試験され、その評価が雑誌で紹介されます。

例えば、ある号では「食と飲み物」カテゴリーで、トマトケチャップ、チーズを紹介し、「健康とフィットネス」ではヨガマット、「コスメティックとファッション」ではマニキュアとシャンプー＆リンス、「子どもと家族」ではベビーフードとおしゃぶりおもちゃ、「余暇と技術」では自転車ハンドル、「住宅と住まい」では壁紙とペンキ、そして「お金と法律」では、保険会社のサービスといったように、私たちの生活に関わりのあるものを幅広く調査対象としています。

また、社会で話題、問題になっていることにいち早く対応する特集も見逃せません。例えば、取材で訪れた２００６年、ドイツ国内では鳥インフルエンザに感染した鶏が見つかり、鶏肉や卵への不安が広まっているところだったので「エコテスト」はさっそく鶏肉や鶏卵の検査、評価、特集記事を発表していました。

日本円に換算すると約５５０円の「エコテスト」は、書店だけでなく、スーパーやキオスクでも簡単に見つけることができ「ニューズウィーク」と「レタスクラブ」を足したような雰囲気の雑誌です。時流を捉えた特集記事や、日常のお役立ちコラムなどは、目をひく色遣いや写真を多用し、文章にユーモアを交えたり、読みやすい分量に抑えたりする工夫が見られます。しかし、読み物としておもしろいこの雑誌、中身はいたってまじめ。「エコテスト」は20年の歴史のなかで何度も、政府より早く安全性を疑問視し、安全基準を設定し、行政を動かし、人々の意識を変え、企業の商品開発に影響を与えるような存在へと育ってきているのです。

ところで、雑誌「エコテスト」を読まなくても、評価された商品を知る方法があります。それは「Sehr Gut（ゼア・グート＝大変良い）」マーク。「エコテスト」が「大変良い」と判断した商品には、それを示すシールをつけることができるのです。２０００商品以上に貼られたSehr Gutマークは、今や、人体・環境に配慮した商品であることを保証するブランドのような存在。企業は積極的に登録料を支払ってこのマークをつけています。

街で聞いてみると「Sehr Gutがついている商品しか選ばない」（30代のドイツ人男性）や「いくつかの商品で迷ったときはとりあえずSehr Gutを選んだり「エコテスト」を立ち読みするのよ！」（ドイツ在住の20代日本人女性）という意見は珍しいものではないのです。

消費者の支持を得た「エコテスト」は、企業側から商品の検査を依頼されるケースも増えているのだそうです。また、Sehr Gutと評価されなかった商品を企業が自主的に改良し再検査を求める場合も多く、「エコテスト」には商品の改良情報も毎月掲載されています。

◇歯磨き粉はどういう風にテストされている？

「エコテスト」のページがどのようにでき、どのように発表されるのかを再現してみたいと思います。

(1) テーマ決め

編集管理者、編集者、そして消費者アドバイザーが毎週開催する会議で次号のテーマを決めます。ランドセルなどの季節もの、鳥インフルエンザ対応などの時事的なもののほか、定期的に検査を繰り返す日用品などが選ばれます。例えば「健康とフィットネス」カテゴリーで、歯磨き粉を調査テーマに決定したとします。

←

(2) 調査項目のリサーチ

歯磨き粉は、頻繁に検査される商品ですが、それでも、毎回入念なリサーチが行われます。

Sehr Gut マークがついたバター

調査対象となる成分や有害物質などを徹底的に調べ、国の安全基準のほか、EUや米国など国際的な各種基準値も参考にした調査項目を作成します。

↓

(3) 商品の選択と買い物

テーマに沿った商品にどのようなメーカーやブランドのものがあるのかを調べます。どれが新商品なのか、どの商品が最も売れていて、どの製造者が市場に影響力を持っているのかなどをリサーチします。検査する商品をそれぞれ5個ずつ買います。いつも5個揃うとは限らないので、ひと苦労。5つのうち、4個はそれぞれ異なる検査機関（ラボ）に送り、ひとつは裁判になったときの証拠として編集部で保管します。

↓

(4) 検査機関への検査依頼

調査項目や調査方法、商品が揃ったら、外部の検査機関に調査を依頼します。検査機関は国内外に約5、6か所あります。

↓

(5) 検査結果を基にした評価基準づくり

検査機関から結果が戻ってきたら、編集部や外部の専門家たちとの意見交換を通じて「エコテスト」の評価が決まってきます。含有成分に対する最新研究結果を参照したり、国際的な基準を参考にしたりしている「エコテスト」の基準は、ほとんどの場合、ドイツ政府の定める基準よりも厳しいものになっています。

テスト結果は、6段階評価。「大変良い」「良い」「満足できる」「十分」「不十分」「不可」という、学校の成績表と同じ、人々になじみのある評価です。

↓

(6)各社への確認・再調査

検査結果は企業に送られ、掲載許可を取ります。不満があれば「エコテスト」負担で再検査しますし、指定した日までに返事がなければ承諾されたと判断して掲載します。時として裁判に持ち込まれることもありますが、負けたことはほとんどありません。

↓

(7)雑誌で発表

ある号で、歯磨き粉は、健康な歯用・6種類、敏感な歯用・10種類、そして、アンチバクテリア用・10種類が調査されています。テスト結果は、計26種類のうち「大変良い」が5種類、「可」が12種類、残りはそれ以下。2頁にわたる全体所感には、私たちにはわかりづらい成分についての情報が細かく記されています。

例えば「ひとつひとつの成分は国の基準に合格していたとしても、複合的な効果については考慮されていないのが現状」「歯磨き粉1キログラムにつき1000〜1500ミリグラムのフッ素が含まれているが、発育過程の子どもの歯にしみや問題を引き起こすため、小学生以下の使用にはすすめられない」「人体への影響が問題視され始めている補助物質PEG／PEG誘導体が混入している商品が13種類みつかった」「半数に泡立てせっけんのような物質が入っている」など、思わず、自分の使っている歯磨き粉にそれらの成分が入っていないかを調べてしまうような、調査報告があります。下の図で、敏感な歯用10種類の評価例を紹介します。

また、調査項目には、歯磨き粉の成分だけでなく、パッケージの環境負荷も評価されています。「どのような成分が入っ

TEST 敏感な歯のための歯磨き粉
Zahnpasta für empfindliche Zähne

商品 Produkt	メーカー、ブランド Anbieter	100mlごとの値段（ユーロ） Preis pro 100 ml in Euro	中に含まれている物質のテスト評価 Testergebnis Inhaltsstoffe	箱（外側部分）のテスト評価 Testergebnis Verpackung	注釈 Anmerkungen	総合評価 Gesamturteil
Elmex sensitive	Gaba	3,59	sehr gut	gut		sehr gut
Perlodent Sensitiv	Rossmann	0,59	sehr gut	sehr gut		sehr gut
Sensodyne Zahnfleisch-Komplex	Glaxo Smith Kline	4,52	sehr gut	gut		sehr gut
Meridol Zahnpasta	Gaba	3,59	befriedigend	gut		befriedigend
Oral-B Sensitive	Gillette	3,45	ausreichend	sehr gut	詳細は割愛	ausreichend
AS Dent Sensitive	Württ parfümerie(Schlecker)	0,79	mangelhaft	sehr gut		mangelhaft
Colgate Sensitive	Colgate Palmolive	2,65	mangelhaft	gut		mangelhaft
Dentril + Fluorid	Procter&Gamble	6,00	mangelhaft	gut		mangelhaft
Equate Dental Sensitive	Wal-Mart	0,39	mangelhaft	sehr gut		mangelhaft
Sensodyne C Classic	Glaxo Smith Kline	3,00	ungenügend	sehr gut		ungenügend

各評価の意味：Sehr Gut ＝大変良い、Gut ＝良い、befriedigend ＝満足できる、ausreichend ＝十分、mangelhaft ＝不十分、ungenügend ＝不可
出典：「エコテスト」年鑑 2006年度版

ていて、どのような影響を与える可能性があるのかという情報が消費者には届いていません。人体、環境に良いものを選ぶのは、これだけ人工的な物質が増え、商品が増えると本当に難しいのです」(チェイカ副編集長)ということを実感させられる調査報告です。このようにして、これまで３０００以上のテーマ、10万種類以上の商品のテスト結果が掲載されてきたのです。

◇科学的評価と客観性

ドイツには、「エコテスト」のほかにも、「テスト」など、消費者が購買の参考にする雑誌があります。また、日本にも消費者の視点で商品を紹介する雑誌は複数あります。

例えば「暮らしの手帖」を見てみると、買物案内のコーナーがあり、テーマに沿った商品が実際に役立つものか、いいものかを「暮らしの手帖」の視点で調べています。２００６年４・５月号では「住まいの保険と共済あれこれ」「世界一細く書けるボールペン」などを紹介していますが、使い勝手やつくられた背景について紹介されているのが特徴的です。

また、自分と環境に優しい商品を多く紹介している通販雑誌「ｅｙｅｃｏ」は、各国で評価され、「ｅｙｅｃｏ」の視点で〝環境と人に優しい商品〟として選ばれた日用品が多数紹介されています。

買い手にとって良いものを選ぶための情報を提供している点では、どの雑誌も役立つことは間違いありません。しかし「エコテスト」には、ほかでは見られないユニークな点があります。

◆テーマ選び

食品や雑貨だけでなく、住居の素材、金融商品など広範囲の消費活動の参考になるテーマを選択している点。社会で話題になっているテーマをいち早く取りあげ、読者に最新の正しい知識を届けている（例：鳥インフルエンザとチキンテスト、伝染病の情報など）

偏りのない調査対象。環境配慮型商品だけでなく、スーパー、キオスクなどで身近に入手できる商品を調査している。

◆調査内容

見た目、使い勝手ではなく、パッケージや製品の成分、構成物を科学的に分析することで、客観的な情報を提供している。検査を専門機関に外注することで、客観性を確保。また、国内だけでなく、国際的な基準と比較した上で、より厳しい評価基準を設定している。

◆誌面、そのほか

テスト結果を一覧で比較し、一目でわかる評価を用いることで、読者が簡単に商品比較ができる。企業が商品を改善した場合「改善情報」のコーナーで紹介したり、読者の興味を惹く記事づくりと、写真や図表、カラーページを多用した誌面づくりをしている。

また、消費者が実際に物を選びやすいよう、商品に貼りつける Sehr Gut マークを発行している。

◇フロリダ産とドイツ産のフルーツジュースが同じ？

「エコテスト」の特徴は、徹底したテストの実施から生まれる客観的データとその提示方法です。また、一般の消費者にとってはSehr Gutマークによって、商品が選びやすいという点も大きな特徴です。しかし、商品の比較表を見たり、スーパーで並んでいるSehr Gut商品を比較したりしていると、いくつかの疑問がわいてきます。

◆フードマイルは考慮されない

フードマイレージとは、食べものが運ばれてきた距離のこと。「エコテスト」では、例えば、フロリダ産のフルーツジュースとドイツ産のフルーツジュースの成分がどちらも「大変良い」場合、食料の輸送距離を表すフードマイルが考慮されずにSehr Gutと評価されます。本当に環境や社会影響について考えるなら、CO_2排出量など食料の輸送エネルギーも考える必要があるでしょう。

◆生産者の情報は考慮されない

〝Shopping for a better world〟という本が１９８８年に米国で出版され、話題になりました。この本は、特定の商品ではなく、企業の社会的責任（CSR）の側面を評価し、消費者に格づけ情報を伝えています。購買や投資という行為は、企業を応援することとも言えます。つまり消費者には、バイコット（＝買うことで企業を支援する）や、ボイコット（＝買わずに支援しないこと）で、企業を応援や批判する力があるのです。

しかし、「エコテスト」は、企業の社会的責任については、評価基準に含めていません（取材時）。もしかするとCSRを果たしていない企業の商品・サービスでも「大変良い」と評価され、多くの人が購入したいと思う対象になっているかもしれません。例えば「大変良い」と判断された自然素材の化粧品でも、原料採取地で環境破壊が引き起こされているかもしれません。でも、そこまでの情報は評価に表れないのです。本当に人体や環境に良いものを選ぶためには、「エコテスト」のような雑誌を活用しながらも、さらに、ひとりひとりが商品を選ぶときの影響力をいろいろな側面から考えるという意識が必要なようです。

4 それでも日本に欲しい「エコテスト」 社会を変える選択力を人々に

食品や日用品などに含まれる成分について、消費者がすべてを知ることは不可能に近いでしょう。フードマイルやCSRなど、追加してほしい項目はいくつかあるものの、客観的に検査した情報を厳しい基準で判断し、消費者に伝える「エコテスト」が「人体、環境により良いものを選びたい」という一消費者の手助けになっていることは、ドイツ滞在中に何度も感じたことです。言語がほとんどわからなくても、自然・健康食品店に行かなくても、一定の基準をもとに信頼できる商品を簡単に判断することができるのです。

「エコテストの役割は、確かな情報を伝え、人々を導くということだと思っています。将来は、Sehr Gut マークの商品が、あらゆる棚を埋めつくすようになることが夢です」とチェイカさんが語ってくれました。

私たち消費者が、自分の身体に入る・触れる物の情報をよりわかりやすい形で得ることができれば、本当に欲しい商品やサービスが選びやすくなります。そして、情報を通じてひとりひとりの〝選択力〟が育っていけば、それがひとつの声となり、社会を動かし変えていく力になるでしょう。そのためにも、ぜひ日本に「エコテスト」のような心強い存在が欲しいものです。

国民総幸福の国 ブータン

世界各地からの考えるヒント3

上田 壮一
（Think the Earthプロジェクト）
齊藤 千恵
（地球の芽）
西水美恵子 監修
（前世界銀行副総裁）
２００６年９月28日掲載

国の豊かさを示す指標として、ＧＤＰ（Gross Domestic Product）＝国内総生産や、ＧＮＰ（Gross National Product）＝国民総生産が広く使われていることは、よくご存知の通り。しかし、ＧＮＰは経済や物質的な繁栄を示す指標で、必ずしも豊かさを的確に示すものではありません。このＧＮＰに対してブータン王国の前国王、ジグミ・シンゲ・ワンチュク国王がＧＮＨ（Gross National Happiness）＝国民総幸福という概念を提唱しました。１９８０年代のことです。

ブータンの開発が目指すのは、ＧＮＰの成長よりも、国民の幸福や満足度の向上である、という開発哲学を提示したのです。今、国際的にもＧＮＨに対する評価が高まってきています。今回のリポートでは、実際にブータンを訪れて、ＧＮＨを提唱した国から学んできたことをお伝えします。

1 ブータン王国の地理と歴史

ブータン王国は、ヒマラヤ山脈の東南に位置する小国で、広さは日本の九州くらい。人口は約70万人。国土の70%以上が森林で、最大標高７５００メートルのヒマラヤの山々に抱

上： 第2の首都プナカ遠景（1955年までは首都でした）7000メートル以上の標高差を持つブータンの風景の特徴は峻険な山と谷を流れる川。そして、州につくられた集落

下： ゾンは、ブータンの特徴的な建築物。軍事要塞と寺院と役所が一体となった施設で、各県にひとつずつつくられています。写真はブータンで最も権威のあるプナカ・ゾン。国王の戴冠式が行われるなど、ブータンのゾンのなかで最も重要な地位を占めています

かれた険しい高山の国です。
王国としての歴史はインド人の高僧パドマサンババが、この地にチベット仏教を広めた8世紀に遡ります。その後、数百年にわたり、地方豪族や仏教指導者による、分散した領地の集まりでしたが、17世紀になって、仏教指導者ガワン・ナムゲルがひとつの権力の下に国を統一しました。

18世紀後半から19世紀にかけて政治的に不安定な状態が続いた後、１９０７年、現国王につながる世襲君主制の初代国王、ウゲン・ワンチュック国王が即位したことで政情は安定し、現在のブータン王国の基礎が築かれました。

ワンチュック王朝成立後は鎖国のような政策を掲げ、主に国内の安定に努め、国際社会との交流は活発ではありませんでした。第３代国王になってから、国連に加盟（１９７１年）するなど、少しずつ国際社会に開かれた国に変わってきました。第４代のジグミ・シンゲ・ワンチュク国王は16歳で即位（１９７２年）して以来、美男子だということもあって、国民から絶大な人気を誇っています（２００６年に退位）。

１９９８年に前国王が自ら内閣を解散し、国家防衛以外のすべての行政権を各大臣が毎年交代で務める首相を長とする閣議に委譲。地方分権を促し、国の意志決定への国民の参加を呼びかけるなど、君主制でありながらバランス良く民主化を進めるユニークな国としても注目されています。

2 GNH——国民総幸福とは

今回、GNH研究の中心を担うブータン研究センター（CBS）の研究員、ツェリン・プンツオ氏にお話を伺うことができました。

GNHという概念は、前国王が80年代後半に発言されたとされる「国民総生産（GNP）よりも国民総幸福（GNH）の方が大事だ」という言葉に端を発しています。GNPは経済的な発展を後押しするものですが、精神的な進歩を支えるものではありません。敬虔な仏教国であるブータンの人たちにとっては、物質的な豊かさだけでなく、精神的な豊かさも同時に進歩していく概念が必要だったのです。

「GNPは市場に導入されるモノやサービスだけを見ている指標です。環境保全や資

右：　ゾンに向かう吊り橋。村人と僧が行き交います
ゾンのなかでは多くの若い僧たちが生活しながら学んでいます

左：　プナカはあまり大きな街ではありませんが、
今も素朴な雰囲気が残っています

源の持続可能性は無視されており、物質文明が持つ負の部分、例えば交通事故が起きた場合の事故処理費や医療費、公害問題への対策費用などはすべてプラスに換算されています。消費を増やし、たくさんのエネルギーを使い、温室効果ガスを排出しても、それは成長と捉えられてしまうのです」と、プンツオ氏は言います。

GNHは、GNPを補完する概念として、「成長するのはいいけれど、その成長は人々にとって良い成長なのか、それとも悪い成長なのか?」という視点を与えるものです。こうした考えは、欧米型の近代化の限界が明らかになりつつある国際社会において評価されるようになってきました。そして

右：　ブータン研究センターの研究員　ツェリン・プンツオ氏
左：　プナカ近郊で見かけた棚田。ブータンは山が険しいために平地に農地を確保することは難しく、斜面に美しい棚田が切りひらかれています。気候は安定していて、場所によっては二期作が行われているところもあるとか

「ＧＮＰと同じように、数値化して客観的な指標にすることはできないか」という声が高まりました。

とはいえ、そもそも幸福という概念は主観的なもので、国によって、宗教によって、地域によって異なるはずです。数字で簡単に測れるものではありません。

ましてや仏教国における「幸福」は、精神の内側の奥深くに根ざした概念です。ブータンの人たちにとって、それを指標化（数値化）することには、少なからず抵抗があったようです。しかし時を経るごとに、ＧＮＨを指標化して、国際社会で通用するものにしようと考える人も多くなり、１９９９年に設立されたブータン研究センターで、具体的な研究がスタートしました。

ブータン研究センター　Centre for Bhutan Studies　http://www.bhutanstudies.org.bt/

3 指標化に向けて

プンツオ氏によれば、現在、幸福という概念を９つの要素に分けて検討しており、２００８年ごろには、なんらかの指標を完成させたいとのこと。この段階では国際的に通用するものではなく、あくまでもブータン国内で通用する指標をまず完成させる計画だそうです。興味深いと感じたのは、研究成果を国際社会にオープンにして、広くＧＮＨについて考えてもらうきっかけにしたいと考えていることでした。ＧＮＨはブータン国王が発想したものですが、客観化や普遍化のプロセスは国際社会の知恵に頼ろうというのは、とても健全な考え方かもしれません。

ちなみに、９つの要素は、以下の通りだと教えてもらいました（順不同）。

＊living standard（基本的な生活）
＊cultural diversity（文化の多様性）
＊emotional well being（感情の豊かさ）
＊health（健康）
＊education（教育）
＊time use（時間の使い方）
＊eco-system（自然環境）
＊community vitality（コミュニティの活力）
＊good governance（良い統治）

実は、２００５年に施行された国勢調査に、「あなたは幸せですか？」という質問があり、ブータン国民の97％が「幸せ」と答えています。

はたして、日本人に同じ質問をしてみた場合、どのぐらいの人が「幸せ」と答えるのかと、ふと考えこんでしまいました。

4　ブータンの奥へ——ナブジ村への旅

今回のブータン取材は、滋賀県近江八幡市に計画されている「小舟木エコ村」プロジェクトチームによる視察を兼ねて実現しました。

小舟木エコ村の事業主体である株式会社地球の芽の若いスタッフたちは、国を挙げての歓迎を受け、女王陛下が主宰するタラヤナ財団というＮＧＯの活動の一環でブータン内陸部の村を訪れる国際交流プログラムに参加する機会に恵まれました。以下は、その村を訪問してホームステイを体験した、地球の芽の齊藤千恵さんによるリポートです。

◇国と国民のいい関係

ブータンの首都ティンプー（標高２３６０メートル）から東へ車で一日走ると、ブータン王国のほぼ中央に位置するトロンサという町に到着します。そこからさらに南へ車で数時間移動し、その後車道を外れ、徒歩で急斜面の谷を越え山路を登り下り。行きは１泊２日、帰りは強行軍で九時間歩き続けました。標高１０００メートル程度まで下り、山路の緑がすっかりバナナや照葉樹に変わったころ、遠くの山肌にナブジ村が見えてきます。

今回のツアーのメンバーは、ブータン政府の情報省（Department of Information Technology）で働くニマ・ツェリンさん、ナブジ村を含む地域を管轄する地方政府の役人とツアーガイドが５名、そしてこのプログラムの仕掛け人でもあり前世界銀行副総裁、西水美恵子さんと、小舟木エコ村のスタッフ７名です。

このツアーの責任者でもあるニマさんは、まだ30歳前半ながら、米国で電子工学修士を、さらにニュージーランドで経営学修士を修めた後帰国し、中央政府において精力的に活動する若きリーダーです。ブータンの西にある電気も道路もない小さな農村の出身だそうですが、優秀な人材はどんどん機会を与えられ、国をつくる力となっていきます。国費で海外に留学したブータンの学生たちの全員が、修了後は帰国し、国のために活動することを希望するそうです。

ブータンという国の国づくりに関わってきた人たちと同じ道のりを歩むと、道すがらの車中での雑談や、すれ違った村人たちとのちょっとした挨拶のなかにも、国民の生活を思いやる気持ちがにじむのがわかります。

「子どもたちは学校に通えている？」

「焼畑撲滅の農業指導は行われているか？」
「国王の政治方針は正確に伝わっているか？」

地方政府に勤める役人も、一か月のうち半分以上、管轄する村々を徒歩で回って情報の収集や農業指導にあたっているといいます。（そのせいか、確かに皆さん、脚が引き締まっていて魅力的！）通信技術が普及していない分、実際に現地に赴き、顔を合わせて話をする機

上：　ナブジ村の方向を一望。こんな高い山と深い谷に囲まれた風景のなかに、斜面にへばりつくように村があります（上下撮影：住原有紀）

下：　ナブジ村の入り口。かつてのシンボルツリーの幹の太さが村の歴史を感じさせます

会が多いそうで、村の事情について大変精通しています。

「国中のすべての村に水道と学校を、というのがこの国の政府の方針のひとつなのよ」と、途中滞在した村で西水さんが笑顔で教えてくれました。確かに、どの村に行っても四角い水場と勢いよく水を吐き出す金色のかわいい蛇口が見られます。この国の人たちは、山の中腹のなだらかな斜面に棚田や畑をつくって生活しています。農村に滞在すると、このかわいい水道から流れ出る水が、起伏の険しいこの国土で暮らす人々の生活にどれだけ大きな変化をもたらしたかは想像に難くありません。この国の政府が考える「国民の幸福」は、こういうことなのかもしれない、とナブジ村の家族の水仕事を手伝いながら感じました。

その政府の方針がやはり人の心に伝わるのでしょう。私たちが滞在した村でも国王は大変な人気で、「今の国王のおかげで、この国は本当によくなった」という声があちこちで聞かれました。

国王と政府の国民を想う気持ちが、国民の心のなかに信頼感や希望感を生む。もちろんそれで人々の日々の苦労や憂いが消えるわけではないですが、それでも「自分がブータン国民であることの幸福感」は疑うことなく持っていられるのかもしれません。

◇電気と道路がやってくる

そんなナブジ村に暮らす多くの人たちが今期待しているもの、それは電気と道路です。ブータン政府は、国の方針として、すべての地域に電気と道路を普及させるとしており、次の5年計画のなかでは、ナブジ村も電線の架線対象地域に含まれているそうです。

道路工事はすでに始まっていました。ホストファミリーのアマ(アマとは「お母さん」の意)は、「本当にこんな場所にまで電気がくるのかしら?」とまだ半信半疑ながらも、「もしも電気が通ったら炊飯器を買いたい。そしたらその分の時間で、ほかの仕事ができるから」と期待を寄せます。また道路についても、「村に車道が通れば、商品作物を栽培して市場で売ったり、観光客が増えたりして現金収入の手段も格段に増える」と村の人たちも意気込みます。

私が滞在したホストファミリーには6人の子どもがいるそうですが、上の3人は高校進学や就職を機に村を離れており、現在は13歳になる娘

村の水道は、みんなのシャワー
（撮影：齊藤千恵）

さんが小さい妹弟の面倒をよく見ていました。両親は、子どもに高等教育をうけさせるために借金をしているそうで、この借金をきちんと返していけるかどうかが心配の種だ、といいます。

電気や道路は、このナブジ村の生活を確実に変えるでしょう。つい「このままであってほしい」というソト者の勝手な想いが心をよぎります。

上：　村の女性総出で歌と踊りの披露
歌と踊りは、来客や祭りごとのとき以外でも村の生活に溶け込んでいます

下：　小中学校の教育は無料。できるだけ多くの子どもたちが学校に通えるよう、国際協力物資などを利用して、昼食を支給したりもしている
（上下撮影：宮川陽名）

しかし、ブータン政府は国中の村民と長年議論を重ねた上で、最終的に電線と道路の建設を選択したそうです。タラヤナ財団の理事たちも、

「これまでも、貨幣経済に参加することによって、僻地に住む人々のモチベーションや生産効率が格段に上がるのを何度も見てきました。国民ひとりひとりが、やりがいを持って生きられることが、国の豊かさ、そして国民の幸福につながると私たちは考えます」と、政府の方針を支持しています。

◇国づくりは国民の声に耳を傾けること

今、首都のティンプーはどんどん都市化しています。秘境を求めてブータンを訪れティンプーに到着すると、街を往来する車の数と、建設ラッシュ、張り巡らされた電線に興ざめだという感想を漏らす観光客も多いと聞きます。ここ数年で、インターネットも導入されました。インターネットが運ぶ情報の波、それがブータンの文化に与える影響に関しても、やはり大議論があるそうです。

しかし、最終的には「国民を信頼する」という国王の決断で導入が決まったと、タラヤナ財団の理事であり中心的なメンバーのひとりであるニマさんが話してくれました。ニマさんは今、ブータンらしさと発展のせめぎ合いの間に立ち、世界各国の先端技術の動向を

ふまえながら、ブータン国民のための、ブータンらしい情報システム構築にむけ尽力しています。

国づくりという旅には正解はありません。しかし、私が今回のブータンツアーで目にしたのは、国王が発したGDPよりGNHという高い目標に感化され、この激しい変化の瞬間にも「国民の幸福とはなにか？」「彼らが本当に求めているものはなにか？」と問い続け、国民の声に耳を傾けようとする人たちでした。

そんな想いを持った人たちが国づくりをする現場にいること、そしてその人たちを信頼する国民がいること。それが国民の幸福量をどう高めていくか、という課題に対するブータンの回答ではないかという気がしました。

ティンプーで行われたタラヤナ財団主宰のフェアにて
今回の国際交流プログラムを発案した西水さん（左）と
情報省のニマさん（中）（撮影：齊藤千恵）

２００５年12月、ジグミ・シンゲ・ワンチュク王は、２００８年に次代国王の戴冠式をし、それ以前に国王の実権を皇太子に譲る意志を公表。同年、憲法を制定し、総選挙を実施して、政党議会制民主主義を導入することも表明しました。

その宣言通り翌年12月に退位、ジグミ・ケサー・ナムギェル・ワンチュク王に世代交替となりました。そして、上院（２００７年12月31日・無政党制）と下院（２００８年3月24日・2政党制）の選挙が電子投票によって実施され、下院総選挙では約80％もの投票率となったそうです。２００８年5月8日、１９５３年から続いてきた国会（一院・無政党制）とはまったく違う、メイド・イン・ブータンの新しい国会が活動を始めました。民主主義による新生ブータンの旅のスタートです。

〝我が国ブータンが発展し、平和と幸福の太陽が私たちを照らし我が国が多いなる繁栄を遂げ、国家の目標と私たち国民の望みを実現させブータンの人々がより大きい満足と幸福を感じられる事が私の望みと祈りです〟（ブータン国内の新聞、「クエンセル」紙より抜粋）

前国王のこの意志を受け継ぎ、高い理想を求めて自らの道を模索していこうとするブータンの人たちを、心から応援せずにはいられません。

5　おわりに――小さな心配と大きな期待

ブータンには大きな変化の波がやってきています。かつては年間数千人の観光客しか受け入れていませんでしたが、２００６年は４万人を受け入れ、各地にリゾートホテルが建設されています。首都ティンプー周辺では流入する人口を支えるための宅地開発が進み、犯罪や暴力事件が増えるなど、都市に特有の問題も出始めているそうです。

ＧＮＨの概念に基づき、自然環境や伝統文化を大事にしながら、同時に近代化を進めるというのがブータンの基本政策ですが、経済的豊かさを求める欲望のスピードに負けないためには、優れたバランス感覚と強い意志がますます必要になってくるでしょう。

「不幸せ」の源は不公平感ではないでしょうか。お金や市場、競争という概念が持ち込まれ、経済的、物質的に恵まれた人たちが現れることで、勝ち負けや貧富の差が生まれ、なにも変わっていないのに「不幸せ」と感じる人が増えてくる……ティンプーの街を歩いていると、その気配を強く感じてしまい、複雑な気分になったことも事実です。

今後、ますますＧＮＨは注目されるのではないかと思います。近い将来、国民総幸福（ＧＮＨ）が指標化され、新たな豊かさのモノサシとなったときに、この考え方はブータン人の誇りとなっていくでしょう。そして多くの国が、この指標に基づき、経済優先の開発から、自然や環境と調和し、国民の幸福に心を配りながら開発していくという姿勢にシフトする可能性もあります。

　ブータンの未来を少し心配しつつ、ＧＮＨが国際社会に与えるプラスの影響に大いに期待したいところです。

ティンプーは建設ラッシュ
町を歩くと、いたるところで工事中の建物を見かけます（撮影：白石純一）

環境×観光×地域＝エコツーリズムの方程式（コスタリカ）

世界各地からの考えるヒント４

原田 麻里子
（Think the Earthプロジェクト）

２００８年２月６日掲載

南北アメリカ大陸をつなぐ中米地域。地図で見ると、両大陸を結ぶ細長い橋のようにみえるこの地域に、コスタリカという国はあります。１９４９年に国軍の廃止を決定して以来、「軍隊を持たない国」という代名詞が定着しています。加えて最近は「エコツーリズム先進国」と称されることも増えてきました。自然豊かな観光名所は世界各地にあるなかで、人口わずか４３０万人の小さな国・コスタリカがなぜ〝エコツーリズム〟で名をあげたのでしょうか。国内でもその先進地として知られるモンテベルデを訪ね、地域参加型で行われる観光と生物多様性保全の共存を見てきました。

1 エコツーリズムを目指すまで

北はニカラグア、南はパナマと国境を接し、カリブ海と太平洋に面した美しい海岸線を持つコスタリカ。四国と九州を合わせたより少し小さい５万１１００平方キロメートルの国土のうち、約4分の1が国立公園や自然保護区に指定され、地球上の全生物種の５％にあたる約８万７０００の種が生息する、まさに生物多様性の宝箱のような場所です。

16世紀初め、スペイン人がこの地に上陸したとき、国土の99・８％は森に覆われていたといわれています。１８３８年にコスタリカとして独立後、19世紀後半からコーヒーやバナナの栽培が盛んになり農地開拓が進んだ結果、１９５０年には森林の4分の1がなくなり、１９５０年から85年までの急激な人口増加と牧畜のための農地開拓、産業化によってさらに約半分が失われてしまいました。

ちょうどそのころ、世界的な自然資源保護の動きのなかで、欧米のＮＧＯや科学者たちが世界でも希少な生態系を持つコスタリカに注目。保護活動に乗り出します。コスタリカ政府も、国際価格の変動に左右されやすいコーヒーやバナナなどの輸出産品だけに偏らない安定した経済基盤を築くために、豊かな自然・生物多様性を目玉にしたエコツーリズムを推進。自然資源の保護＋観光業の成立＋地域経済振興の融合を目指した国づくりを進めてきました。そして現在、コスタリカはエコツーリズムを楽しめる観光地としての地位を確立し、海外からの旅行者数は国内人口の３分の１を超える１９０万人（２００７年）にも達しています。

2　霧深いモンテベルデ

首都サンホセから長距離バスで約5時間。途中、舗装されていないデコボコ道にゆられながら半日がかりで、モンテベルデの入り口、サンタエレナの街に着きます。ちなみに、モンテベルデというのは街の名前ではなくこの地域一帯の総称で、多くの観光客が起点とするのが、山あいの街・サンタエレナです。

この地がエコツーリズム先進地といわれる所以は、１９５０年代にさかのぼります。当時、朝鮮戦争の兵役を拒否した、キリスト教の一派である

サンタエレナのメインストリート

クエーカー教徒たちがアメリカからやってきて、ここをモンテベルデ（スペイン語で「緑の山」という意味）と名づけ、住み始めました。私がモンテベルデで出会った人々の多くが、この森が守られた理由のひとつに、クエーカーの人たちの存在を挙げていました。彼らは牧畜を行う一方で原生林の一部は開拓せずに残していったのです。

さらに、モンテベルデを世界的に有名にしたのは、オスアカヒキガエル（Golden Toad）という、当時ここだけに生息していたカエルの発見でした。これによって、60年代後半から70年代にかけて世界中の生物学者やNGOがやってきて調査を行った結果、モンテベルデにある世界的にも貴重な熱帯雲霧林（注1）に、オスアカヒキガエルだけでなく、希少な生物種を多く含む豊かな生態系が存在していることがわかり、この場所一帯を保全しようという動きが一気に広まったのです。

注1　熱帯雲霧林とは　標高の高い熱帯地域にあり、年間を通して深い霧がたちこめ１００％近い湿度を保っている森。熱帯という名前に誘われて灼熱の太陽を想像して訪れると、その期待が見事に裏切られ寒さに震えることになります（平均気温は15～22度）。熱帯雲霧林の特徴のひとつは、その豊かな植生にあります。湿度が非常に高いので、空気中から水を吸ったランの仲間やアナナス類（パイナップル科の植物）、菌床類、コケ類などの着生植物が、木の幹にびっしりと生えていて、森の上にさらに森が重ねられているような深い緑が印象的です。

3 地元専門学校の父兄が運営——サンタエレナ自然保護区

モンテベルデには「モンテベルデ雲霧林保護区」「子どもたちの永遠の森」という代表的な保護区があり、それぞれ民間の研究機関やＮＧＯが管理、運営しています。

そして、もうひとつ忘れてはならないのが「サンタエレナ自然保護区」。地域コミュニティが管理する自然保護区のさきがけとして知られています。スタッフのギレルモ・バルガスさんにお話を伺いました。

「１９７０年代、この土地は教育省の管轄で、サンタエレナ技術学校の生徒が農業実習に使っていました。当時、モンテベルデはまだ今のような観光地ではなく、観光客が訪れる森はモンテベルデ雲霧林保護区だけで、ホテルも一軒しかありませんでした。その後、１９８０年代なかごろにエコツーリズムが盛んになってきたとき、学校関係者が『ここでもモンテベルデ雲霧林保護区と同じように、観光と森林保全を両立させる事業としてエコツーリズムができないだろうか』と考えたのです。そして、89年に３人のメンバーが自然保護区の運営を始めました。ひとりが受付、ひとりが遊歩道の管理、ひとりがガイドとして。当時のガイドは、今でもここで働いています。

92年に正式オープンした後、土地の管轄が教育省から環境省に変わりましたが、管理・運営は学校の父兄から選ばれる実行委員会によって行われています。毎年、父兄から７人が委員に選ばれ、うちひとりが代表を務めます。ちなみに、政府に支払っている土地使用料は、旅行者ひとりあたり1ドル。つまり保護区の入場料（大人：12ドル、学生：6ドル）から各1ドルだけを政府に納め、残りは活動資金に充てられるのです」

現在、保護区の収益の50％が学校の運営に、40％が保護区の整備に、10％が小学生への環境教育に使われています。

◇子どもたちに森の大切さを伝える

Q　小学生への環境教育は、どんなことをやっているのでしょう？

「年に一回、各校の生徒を保護区に招待しています。交通費、入場料、食費など無料です。そして、ガイドツアーをしながら、

右：　モンテベルデで見られる植物の種類はなんと3000種
　　　そのうち500種以上はランの仲間です
左：　サンタエレナ自然保護区スタッフのギレルモさん。モンテベルデ出身です

われわれがこの地域一帯を保全していること、動物たちを殺さないでいることなど、この地域を守る意味を伝えています。子どもたちは、お土産にTシャツをもらって喜んで帰っていきますよ。そして、どうしてこの地域が重要で、観光客を惹きつけるかを理解します。また、各校に出かけて行って、環境についての授業をするスタッフもいます。このプログラムは、モンテベルデ雲霧林保護区と子どもたちの永遠の森、フロッグポンド（カエルの展示館）、コスタリカ政府環境省と協同で行っています。私有の自然保護区同士が協同してこのようなプログラムを行っているのは、コスタリカのなかでもここだけです」

「もうひとつ、保護区同士で協力していることがあります」とギレルモさん。各保護区で研究者や学生が行う研究報告は必ず2部作成され、ほかの保護区のスタッフが共有できるようになっているのだとか。研究成果が共有されるので、この地域全体の生態系保全がより有効に行われるのです。

◇世界中からインターンやボランティアを受け入れ

Q ボランティアの受け入れも積極的に行っていますね。

「ボランティアの多くはコスタリカの学生ですが、海外からも来ます。通常3～6か月滞在する場合が多いですが、1年いる人もいるし、1週間だけの人もいます。学生はいつでも歓迎ですよ」

Q例えば、私がボランティアをしたかったらどうやって参加するのですか？

「こちらに電話して、いつからいつまでボランティアをしたいか伝えればいいのです。そうしたらホームステイ先を紹介するので、そこに一日10ドルほど宿泊費を払えば、あとは毎日バスに乗ってここに来て、スタッフについて仕事をすることになります」

Qスペイン語を話せないとダメですね。

「そんなことないですよ。ボランティアをしながらスペイン語を習う人もいますから。言葉は問題ではないです。例えば5年くらい前、日本人のボランティア5人と一緒に作業をしたことがあります。彼らはスペイン語はおろか英語も話しませんでした。でも私たちはトレイルで一緒に作業をしてたんです。コミュニケーションはボディランゲージだから、なかなかおかしかったですよ。もしハンマーを探してたら、ハンマーを振り上げるジェスチャーをしたりして……（笑）」

ここには、全国から学生が授業の単位を取るためにやってくるとのこと。そのなかから訓練を受けてガイドになる人もいるそうです。

◇ご近所さんのサクセスストーリー

Ｑ　ここで観光業を営む人たちは、モンテベルデの生態系の重要性や価値を理解していると思いますか？

「理解度は人それぞれだと思います。でも、ひとつ良かったことは、以前農場をやっていた人たちが観光業を始めたことで、森が切られなくなり再生したことです。もちろんジップライン（ターザンのようにケーブルを使って木から木に飛び移るアトラクション）など、観光施設のために一部の木を切ることはありますが、森は確実に戻って来ています。また、誰かが病気の動物を見つけたら、私たちに電話がかかってくるようになっています。人々は、積極的にここを大事にしようとしていると思います」

Ｑ　モンテベルデは、住民のエコツーリズムに対する意識がほかの地域より高いように感じるのですが。

「ここの良いところは、地域が活動にコミットしていること。海岸沿いの観光地に行くと、ホテルのオーナーがアメリカ人・ドイツ人だということはよくありますが、モンテベルデのビジネスは、80％が地元の人たちによるものです。ホテルのスタッフが『サンタエレナ自然保護区にはうちも関わってるんだ』と、言ってくれるんです。

例えば、サルバチュラ（Selvatura）は、この辺りで最も大きなツアー会社ですが、オーナーは30年前、チーズ工場の一労働者だったんですよ。スカイトレック（Skytrek）の経営者も地元の人です。彼らは決して裕福ではなかったのですが、銀行からお金を借りて小さな土地を買い事業を始め、今ではとても成功しています。みんな、高校にも行ったことがない人たちなんです。また２５０近くあるホテルは、数件を除いてすべて、地元の人が経営しています。おそらく最初は小さな建物から始めたのだと思いますが、今や、大きなホテルもいくつかあります」

　モンテベルデでは、自然資源＝地域の観光資源であるということを多くの人が身を

右：　年間を通じて気温差がない森の木は、
　　　成長のスピードが変わらないため年輪がありません
左：　サンタエレナ自然保護区のビジターセンター

もって（自分の仕事に関わることとして）感じているのですね。そして、子どものころからそれを伝えるしくみがあることで、受け継がれている……ここがエコツーリズム先進地と言われる理由がわかった気がします。

4　ベテランガイドが語るエコツーリズム

宿泊先のホステルのオーナーの「自然保護区を歩くならガイドツアーがおすすめ」というアドバイスに従い、サンタエレナ自然保護区でガイドツアーに参加してみました。ガイドをしてくれたのは、この道11年のベテランガイド、デイヴィッドさん。わかりやすい説明と豊富な知識で、３時間という長さを感じさせないツアーを楽しんだ後、お話を聞きました。

◇まとまりを欠いた５人の観光客より、統率とれた１００人のグループを

Ｑ　モンテベルデでは、一度に保護区に入れる人数を制限して、生態系に配慮をしています。サンタエレナ自然保護区は、一度に１００から１５０人までと決められています。
　これ以上たくさんの観光客が来ると、観光と生態系保護のバランスを保つのが難しくなると思いますか？

「そうですね。自然の許容量を超えないよう、気をつける必要はあります。でも私は、秩序のない5人組より、きちんと組織された100人のグループの方が好ましいと思っています。大事なのは来た人にどう伝えるか、森についてどんな情報を提供するかです。今朝、私は皆さんにトレイル（遊歩道）を外れないように言いましたよね。同時に、きちんと理解してもらうためになぜそうする必要があるのかも伝えました。この場所を保全するために、重要なことを辛抱づよく言い続ける必要があるのです」

◇ライフルを望遠鏡に持ちかえて

Q　エコツーリズムの定義はなんだと思いますか？

「エコツーリズムとは、地域の人々の手によって地域の保全を行いながら観光を成立させることだと思います。地域の人々を巻き込まずに、それはできないと思います。そうしないと、お金を稼ぐことだけ

フリーで自然保護ガイドをしているデイヴィッドさん。彼も地元モンテベルデ出身。望遠鏡でないと見つけられないような小さな花や生き物を次々と、私たちに見せてくれました

が目的の人が外からやってきて、森から大切な資源を奪ってしまうからです。これまで、地域の人が参加せず、ある特定の人だけで運営されている観光地をたくさん見てきました。そういう場所では、森から動物を捕って売る人たちや、不法伐採をする人たちがいるのです。もし、みんなを巻き込んでいれば、違う解決方法が導き出せるのです。モンテベルデで工夫したことのひとつは、森林を保護する上で最も問題だった猟師を公園のレンジャーにリクルートしたことです。猟師たちはレンジャーになることで、より良い給料を保証されました。もともと彼らは森を知り尽くした人たちですから、まさに適任だったわけです。今や、レンジャーの多くが元猟師なんです。これもエコツーリズムの特徴だと思うのです」

私たちのガイドをする傍ら、デイヴィッドさんはガイド見習いの若者にスペイン語でい

前日に降った大雨の影響で溝にはまって道を塞いでいるバス。やむを得ず、ここから徒歩で保護区の入り口に向かいました。生態系保全のため、道は舗装されていません

ろいろレクチャーをしていました。いつかは彼も立派なガイドとなって観光客を案内する日が来るのだろうなと思うと、モンテベルデの未来が見えるようでした。

5 もちろんすべてが理想的なわけでは…… 住民＜観光のアンバランス

モンテベルデの先進事例がある一方、コスタリカの国内には、観光と環境、地域の暮らしが必ずしもかみ合っていない例もあります。モンテベルデ以外の地域でもガイドをしていた経験があるデイヴィッドさんも、現在の状況を憂慮しています。

「ユネスコの世界自然遺産にも指定されたグアナカステは、あまり水が豊富にある土地ではありません。でもホテルにはジャグジーつき、バスタブつきの部屋があります。もちろん、旅行客は土地の水事情を知りませんからバスタブやジャグジーにたっぷりお湯をためてお風呂に入ります。そうするとホテルが街の水を全部使ってしまい、住民の使う水が不足してしまうことになるのです。

おそらく、今後15から20年、あるいはもう少し短いスパンで、こうした水やゴミの問題は大きくなると確信しています。こういったことは、コスタリカだけでなく、世界のどこでも起こっていることですが」

自然豊かな観光地を訪れるとき、そこの環境や人々の暮らしを壊したいと思っている人はいないはず。見えないところでひずみが生じているかもしれないということを、ちょっと想像してみる瞬間があると良いのではないでしょうか。

6 エコツーリズムは一日にしてならず

モンテベルデを訪ね、そこで仕事をする人たちと話をしてみて、エコツーリズムには欠かせない環境保全と観光開発の両立、そして地域の関わりが見えてきました。と同時に、コスタリカがこれまで積み上げてきた国づくりがあったからこそ、モンテベルデのような事例が生まれたのだと感じます。

軍隊を廃止し、その分、国の予算

『Lend a hand to Nature　自然のために手を貸してください』 あまった外貨を寄付するために、設置された空港のチャリティボックスも自然保護を呼びかけています

を教育に注いだ結果、読み書きのできる人材・外国語が話せる人材が育ったから、若者が地元の観光や自然保護の仕事に就くことができたこと。平和外交で各国との関係を良好に保ち、また軍事クーデターなどの心配もなく民主的な選挙制度を取り入れ政権が安定しているので、観光客が安心して旅行できること。そして、憲法に環境権を明記し、環境基本法、森林法、生物多様性法などの法整備を進め、国際的なＮＧＯの参加も得ながら生態系保全のための政策を推進していること。それぞれが、この国にエコツーリズムを育むために必要な要素なのです。

　解決していかなければならない課題もまだまだあるとは思いますが、コスタリカがこれからもエコツーリズム先進国としてチャレンジを続けていく姿を見守っていきたいと思います。

サステナブル・シティ

持続可能な社会は可能だ（スウェーデン）

世界各地からの考えるヒント**5**

上田 壮一
（Think the Earthプロジェクト）
高見 幸子 協力
（ナチュラル・ステップ・ジャパン代表）

２００８年７月18日掲載

世界は大きなターニングポイントを迎えています。地球温暖化が世界中のあらゆる国の政治や経済の課題になり、多くの人の関心を呼ぶようになりました。今後は「持続可能な社会」の実現に向けた本格的な取り組みが世界中で始まるでしょう。

「持続可能な社会」とは、２０５０年には90億人になるといわれる世界のすべての人が、「生活の質」を向上（もしくは維持）しながら、それでいて地球上の有限の資源を賢く循環させている社会のことです。

北欧の国々は世界に先がけ、この「持続可能な社会」の実現に向けて、もう何年も前に舵を切っています。今回、そんな環境先進国の代表格でもあるスウェーデンの首都ストックホルムを訪れました。そこでは、驚くほど先進的で合理的なサステナブル・シティが機能し始めていました。

1 ハンマビー・ショースタッドの挑戦

ストックホルムの南東にある水辺の街、ハンマビー・ショースタッド臨海地区の再生計画は、ストックホルム最大の都市再開発計画として知られています。都市再開発というと日本でも盛んですが、どちらかというと高層ビルが中心の商業都市のイメージです。ハンマビーがユニークなのは、２００ヘクタールにもおよぶ広い土地を、「持続可能な街＝サステナブル・シティ」にすべく徹底的に考え抜かれて計画されているということです。

もともとは、２００４年の夏期オリンピックをストックホルムに招致する計画があり、「環境に徹底的に配慮した選手村」として計画された街だったそうです。結果としてオリンピックを呼ぶことはできませんでしたが、市がプロジェクトとして、ハンマビーにサステナブル・シティをつくる計画を継続することになりました。

ハンマビー・ショースタッド臨海都市の全景

ハンマビーの開発計画は「持続可能」というコンセプトに徹底的にこだわり、環境負荷を1990年代のなかごろの半分にすることを目標にしています。最終的に2万5000人が暮らし、働く街として2017年に完成する予定です。2008年現在、1万人以上の人が暮らしており、すでに街として十分に機能しているようでした。開発が始まって以来、サステナブル・シティの最先端のモデルとして、世界中から毎年1万人を超える専門家やリーダーたちが訪れているといいます。

大きなゴールは環境負荷を1990年代のなかごろの50%にすることですが、その目標に基づいて、土地利用、交通、建材、エネルギー、水と汚泥、ゴミなどについて、それぞれに明確なゴールを数多く定めています。

例えば、ほんの少しだけ例を挙げると、土地の利用では「春と秋に少なくとも4～5時間の日照がある中庭スペースを15%以上確保する」、交通手段では「2010年までに80%の住民が公共交通もしくは徒歩、自転車での移動をする」、エネルギー利用では「すべての暖房は、余熱もしくは再生可能エネルギーを利用する」、水に関しては「一日、ひとり100リットルの削減」、ゴミに関しては「80%の食品廃棄物を肥料、もしくはバイオエネルギーのために提供」……などなど、どれも具体的で、しかも野心的な目標ばかりです。

2 サステナブル・シティの暮らしとは

実際にこの街の集合住宅で暮らすフレドリック・モーリッツさんの家を訪問することができました。例えば、この家を中心に循環するイメージを見てみましょう。

まず窓は三重窓で、高断熱の壁が使われています。パッシブソーラー技術が取り入れら

上：　分別の品目は細かく分けられている
生ゴミや燃えるゴミは分別して、このパイプのなかに入れると中央集積所まで真空搬送される

下：　バイオガスで調理できるガスコンロ
どこでも売っている普通の商品とのこと
家の屋上には太陽熱温水器や太陽電池パネルが設置されている

れている建物もあります。集合住宅の屋上には太陽電池パネルや太陽熱温水器が設置されていて、温度や発電容量などをモニターすることができます。足りない電力は電力会社から買うことになりますが、スウェーデンでは太陽電池や風力発電など自然エネルギーを使った電力を選んで買うことができます（しかも、共同出資をした風力発電の場合は通常の半額と安い！）。

上：　街のスーパーマーケットには、「環境ラベル」がついた商品がずらりと並ぶ

下：　スーパー入口にあった缶やビンの自動回収器。緑のボタンを押すと換金され、黄色いボタンを押すと、お金が戻ってくる代わりに途上国に寄付ができる

生ゴミは分別して出すと中央集積所に集められた後、肥料に変えられ、ストックホルム近郊の農家で野菜などを育てるために使われます。紙やガラス、電子部品などは資源として再利用するために、細かく分別して出す共同のゴミ置き場があります。トイレやキッチンからの下水は下水処理場に集められ、バイオガスをつくりだします。つくられたバイオガスは家庭に供給され、ガス調理器などで使います。下水処理場で処理された水は、ヒートポンプで熱交換し、地域暖房、地域冷房に使われた後に海に排水されます。燃えるゴミはコジェネプラントに送られ、電力と、燃やすときに出る余熱が地域暖房に使われます。

家から一歩出ると、街にはバイオガスで走るバスが走り、スーパーマーケットでは環境に配慮された商品がずらりと並んでいます。雨水もいったん溜められた後、下水に流すのではなく、直接海に流しています。路上に降った雨は、砂で浄化してから海に流しています。

一軒に一区画の菜園があり、小さな農のある暮らしも可能

まとめてみると、下の表のようなイメージです。エネルギー、水、ゴミの3つに分けて徹底的に循環型のシステムが考えられています。

この家庭を見学して印象深かったのは、特別「エコ」な生活ではなく、ごく普通の暮らしがそこにあったことです。キッチンのガスコンロはどこでも売っているもの。そこに供給されているガスが天然ガスではなくバイオガスなだけです。シャワーからも太陽熱で温められた水が出ますが、もちろん使い勝手は変わりません。エネルギー

◇エネルギー

太陽熱 → 電気・温水
足りない電力は風力や太陽など再生可能エネルギーで発電された電気が供給される
（スウェーデンでは再生可能エネルギーを使った電気を選ぶことができます。しかも、通常の電気と値段が変わらない。共同出資をした風力の場合はより安い）

◇水

雨水 → 防火用水など → 海
下水（糞や尿）→ バイオガス → 車の燃料、家庭に供給
→ 肥料 → 農家へ（これからの課題）
→ 処理された水 → 地域暖房や地域冷房 → 海

◇ゴミ

生ゴミ → 肥料 → 農家へ
→ バイオ燃料として発電所へ
燃えるゴミ → コジェネプラント → 電力、余熱を地域暖房へ
資源ゴミ → リサイクル

使用量がパネルで可視化されていたり、玄関でガスや電気を消すことができるといった細かい工夫も多々ありますが、基本的には世界中のどこにでもある都市の暮らしと大きく変わりません。冒頭でも書いたような、暮らしの質は下げず、資源がうまく循環する「持続可能な社会」の姿が、まさしく目の前にありました。

なにかを我慢したり、環境に良い暮らしを強く意識しなくても、生活を支えるインフラ（街）そのものが持続可能になっていれば、人は自然体で暮らせばよいのだということをあらためて感じました。

実際、この地区に住み始めたのは環境意識が高い人たちばかりではなく、仕事場となるストックホルム中心街にも近く、自然が近くにあり、かつ住宅の取得費用もほかとそれほど変わらなかったということが大きな理由になっている人も多いのです。

もちろん、こうした街に住むことで、地球全体のことを考えるきっかけにはなっているでしょう。この街で育った子どもたちが、将来どんな考えを持つようになるのか、それはちょっと楽しみではあります。

3 下水処理場がエネルギー会社に

ハンマビー・ショースタッドを支えるインフラのなかでもユニークなのが下水処理場で

す。家庭から出る糞尿や汚水を集めてきれいな水にするのが下水処理場の仕事のイメージですが、ここでは、その処理の過程でメタンガスを取り出し、バイオガスをつくっています。つまり、下水処理場であると同時にエネルギー会社でもあるのです。つくられたバイオガスは家庭で使うガスとして供給されるほか、ストックホルム市内を走るバスなどの公共交通の燃料として使われています。

日本でも家庭から出る年間の生ゴミの量は１０００万トンにもなります。そのほとんどが、燃えるゴミとして出されて焼却されているわけで、これはもったいないですよね。バイオガスの資源だと考えれば、生ゴミの見方も変わります。

ラーシュさんは、「エネルギーは都市に眠っ

右：　施設を案内していただいたStockholm Vatten社のラーシュ・ラームさん
左：　バイオガス・プラント

ている」と言います。都市人口が増えれば（生ゴミやトイレの数が増えるほど!?）、バイオガスの原料も増えるというわけです。また、バイオガスの組成は天然ガスと同じくほとんどがメタンですから、純度を高くすれば、すでにある天然ガスのインフラをすべて使うことができます。実際ヨーロッパでは天然ガス網上に２００以上のガス補給所があり、５５０万台のガス車が走っています。このインフラを使ってバイオガス車を増やしていくことが可能なのです。

技術が向上し、インフラが整い、効率を良くしていけば、化石燃料に頼らない社会をつくることも夢ではないと思えてきます。実際に、ストックホルムは２０５０年までに「Fossil Fuel Free City—化石燃料に依存しない都市」の実現を目指しています。

２０５０年に世界の人口は90億人になります。そのとき都市人口は55億人になっているという予測があります。都市を持続可能にすることは、実は本質的な課題なのです。

ラーシュさんは圧縮液体バイオガス技術も研究してお

巨大な岩盤の下につくられた浄水施設。もともとは防空壕だったとか

り、将来は新会社をつくる計画も話してくれました。地域のエネルギーを、地域に循環する資源でつくり出す、新しい発想の会社になるでしょう。

4　持続可能な未来を選択する

「○○しなければならない」というルールではなく、「持続可能な社会」を目指すための多様な選択肢が用意されている、というのがスウェーデンの印象です。つまり、スウェーデンの人々は誰かから強制されて義務感で持続可能な社会を目指しているのではなく、主体的に未来を選び取っている感覚があるのだと思います。

例えばエコ・カーを例にしてみましょう。現在、国産のボルボやサーブのほか、シトロエン、フォード、フィアット、メルセデス、フォルクスワーゲンなど各社からエタノールかバイオガスが使える自動車が発売されています。ガス補給所などのインフラ

ラーシュさんのクルマは、もちろんバイオガス対応車。給油口の横にガス栓が

が準備され、市場にバリエーションある商品が投入されており、環境意識が高くなくても国民は簡単にエコ・カーを選ぶことができます。また、エコ・カーに乗る人にはさまざまなメリットが与えられます。例えば、購入するときには補助金が出たり、渋滞税（平日の朝夕のラッシュ時にストックホルム中心部に乗り入れる車に科せられる税金）が無料になったり、市内の駐車場が無料になったり、などなど。

環境に良い選択をすると「ご褒美」がもらえ、そうでなければそれなりの費用を支払うことになります。「アメとムチ」をうまく使いながら、国民にわかりやすい選択肢を提示してアクションを促しています。その結果、２００８年5月には、スウェーデンで売られている新車の36％がエコ・カーになったということです。

ほかにもＭＡＸというハンバーガーショップでは、商品に二酸化炭素の排出量が表示されるという試みを始めました。お客さんは味やカロリーで選ぶこともできますが、商品に付記された環境負荷の数値を参考にすることもできます。これも、消費者のために選択肢を提供している一例です。

選ぶといえば、選挙も同じです。スウェーデンは80％を超える高い投票率を誇っています。環境意識が高い優れた政治家を国政に送り出すことは日本より簡単です。これほどまでに投票率が高ければ、国民が自分たちで国を動かしているという実感があるでしょう。

今回の取材を通じ、持続可能な社会は実現可能だと確信しました。スウェーデンや北欧諸国で実現していることは、ほかのどの国でも可能なことばかりです。北欧も日本も国民の環境意識の高さは変わらないでしょう。環境技術は日本を含め、世界中で進歩を続けていてコストも安くなってきています。技術はある、経済的にも導入が可能、国民の意識は

上：　葉っぱのマークがついているのは、エタノールやバイオガスで走るエコタクシー。４台に１台のタクシーにこのマークがついています

下：　MAX ハンバーガーのメニュー

高い。あとは、これらを賢く組み合わせてシステムとして社会に組み込む知恵と、それを推進する政治的リーダーシップにかかっているといってもよいかもしれません。

地球温暖化を始め、環境問題への対応は時間との闘いになってきています。一歩先を進んでいる国々が試行錯誤しながら見つけた優れた仕組みをどんどん取り入れて、日本でも持続可能な社会づくりに活かしていきたいものです。

ネットで自然を身近に感じよう！（カナダ）

世界各地からの考えるヒント**6**

上田 壮一
（Think the Earthプロジェクト）

2002年1月23日掲載

カナダ、ジョンストン海峡で、40年以上にわたり野生のオルカ（シャチ）の行動研究を続けてきたポール・スポング博士が提唱しているプロジェクト、ネイチャーネットワークという構想をご存知でしょうか。

私たちの母なる地球には、人間による環境破壊が進んでいるとはいえ、まだまだ豊かな大自然が残っています。ネイチャーネットワークは、そうした豊かな自然のなかに置かれたカメラとマイクの映像と音声を世界中の人たちにライブ中継するネットワークをつくり、自然と人間との間にできてしまった距離を少しでも近づけようというプロジェクトです。スポング博士は、この壮大な夢を30年も前に思い描きました。まだインターネットが一般的ではなかったころの話です。

２０００年になってスポング博士の夢は大きく前進し、インターネットを通じて野生のシャチの生態をライブ中継をするプロジェクト、オルカライブが実現しました。このサイトは開始２年目を迎えた２００１年には５か月間のライブ中継で70か国以上の国から５０００万ヒットを超えるアクセスがあるサイトに成長し、話題になりました。

ネイチャーネットワークには、テクノロジーと自然の共生という視点など、未来に向けた多くのヒントがあると思います。カナダ、ハンソン島でスポング博士にお話を伺ってきました。

ポール・スポング博士(Dr. Paul Spong)

１９３９年、ニュージーランド生まれ。ＵＣＬＡ大学院で脳の機能について学んだ後、バンクーバー水族館でオルカの研究を始めました。しかし、水族館に閉じ込められたオルカを研究対象とするのではなく、大自然のなかを悠々と生きているオルカを研究することに意義があると感じ、１９７０年にカナダのバンクーバー島のそばに浮かぶ無人島、ハンソン島に移り住み「オルカラボ」を設立します。以来、現在に至るまで30年以上にわたり、野生のオルカの生態研究を続けています。

1 ネイチャーネットワークのビジョン

Q　現在のネイチャーネットワークはまだ初期段階にあると思いますが、ネイチャーネットワークの将来ビジョンを教えてください。

「決定的な問題は帯域幅（回線の太さ）です。将来はどこにいても、もっと太い回線を手に入れることができるでしょう。そしてあっと言う間に光ファイバーのネットワークになり、誰もが高速のアクセスを手に入れることができるようになるでしょう。そうなれば、より直接的で深い体験をつくり出すことができます。

　例えば私が水中ビデオ基地のあるクレイクロフト島に行き、高画質モニターでライブを観察しているときには、あたかも水中にいるかのような気分になります。映像はとてもクリアで色の再現も完璧です。もちろん現在の小さな画面でのライブであっても、とても幸せを感じますが、現実の体験により近いものに触れると、さらに感動します。

　今年のオルカライブの小さなウインドーを見ながら、フルスクリーンで焦点のあったクリアな映像が見れるようになるのはいつになるだろうかと考えています。あなたはどのぐらいだと思いますか？　2年ぐらい？

　2年後だとして、その後にさらに、家のなかで壁一面に表示されるのはいつごろでしょうか。そうなると、私たちは家のなかにいながらにして、どこか別の場所にあなたを連れていってくれる環境をつくり出すことができるということになります」

Q　そのとき、例えばオルカライブからウミガメライブにチャンネルをスイッチすることもできるわけですね？

「そのときには、１００を数える選択肢があることになっているでしょう！　ただ、個人がこのようなシステムを使うには、まだ大きなコストがかかるかもしれません。博物館や学校の図書館や公共施設といった、こうしたテクノロジーに投資できる施設に展示されるという可能性も考えてみることができると思います。

５年後、10年後には多くの公共施設がこの技術を取り入れ、その空間のなかに入っていくと、世界中の自然のライブを体験できるようになっているのではないでしょうか」

Q　家のなかでネイチャーネットワークを体験す

オルカラボの観測所

るよりも、どこかに出かけていってそこで体験する方が良いアイディアの様な気がします。

例えば水族館などはどうですか？

「非常によくわかります。水族館というのは自然界を極めて人工的に再現している場所です」

Ｑ　もし水族館がネイチャーネットワークを取り入れることができたら、人々は自然のライブを大きな画面で楽しむという経験にお金を払うことになり、自然界から動物を捕獲してこなくてもお客さんを失うことはないのではないでしょうか。

「ええ、そう思います。しかし、多くの水族館がなにもかも欲しがっているということが問題ですね。彼らは自然界からイルカやアザラシのような海洋哺乳類を捕獲することも望んでいるし、同時にライブ中継も行いたいと考えています。

　彼らはライブ中継にとても興味を持っています。しかし、まだ古い考え方にしばられています。自然界から連れてきて狭い人工的なコンクリートの檻にいれた動物が人々にとって必要だと思いこんでいるのです。お金を払って入場してもらうには、ホンモノの動物を見せなければならないと思っています。私はそこに変化を起こしたいと思っています。そしてそれは可能だと信じています。

　例えば、カリフォルニアにあるモントレー水族館での体験は素晴らしいものです。そこには大きなケルプ（海草の一種）の森のタンクがあります。とても美しいもので、本当にリアルなケルプの森が再現されています。彼らは自然空間を創造する技術の調査と開発に投資をしたのです。実際の自然と同じようなエコシステムをつくり出しています。私は水族館産業によるこうした開発は成功を収めるだろうと考えています。しかし、今のところほんのひと握りの施設しかトライしていません」

2 インターネットで自然を身近に

Q 多くの人はテクノロジーと自然は仲良くなれないと考えているようですが、あなたのアイディアはテクノロジーを使うことで、人々が自然をより近くに感じられることを目的としていますね。特にインターネットがその実現に果たしている役割は大きいと思いますが。

「インターネットはとても素晴らしいと思います。ある意味では複雑とも言えますが、実はとてもシンプルなシステムです。インターネットが拡がっていくさまは、自然の成長に似ています。ある生命が『機会』を与えられたら彼らはすぐにその機会を逃さずに使い、地球システムのなかで生きる範囲を拡げていきます。自然のなかではそういうことが起きています。インターネットも（テクノロジーであることは間違いないのですが）有機物のように成長しています。
ネイチャーネットワークについても、自然に拡がっていくことが望ましいと考えています。もしこのアイディアが良いアイディアであれば、多くの人がアクセスするでしょう。オルカライブに続いてウミガメライブ（注1）のようなサイトがすでに登場していますし、ネイチャーネットワークのようなサイトが自然に拡がって成長していく兆しはすでに現れていると思います」

注1　ウミガメライブ
鹿児島県沖永良部高校科学クラブの生徒たちとともに実施された、オルカライブの姉妹プロジェクト。
2001〜2005年までライブ中継が行われた。　http://www.turtle-live.net

3　ネイチャーネットワークのある未来

Q　ネイチャーネットワークのある未来と、ネイチャーネットワークがない未来はどのように違うと思いますか？
「私たちには次の2つの未来があると言い直した方がいいでしょう。ひとつは自然とともにある未来。そしてもうひとつは自然のない未来。とても重要な質問ですね。

過去２００～３００年、あるいは５００年という非常に短い期間に、地球上のありとあらゆる場所で直接的に人間によって引き起こされた変化について考えてみてください。たくさんの原生林が失われました。とてつもなく深くて広い海洋がこれほど劣化するなんて想像できたでしょうか。でも実際に起きています。海は生命を失いつつあります。世界中の水産業者が至るところで大きな問題にぶつかっています。これほど大きな気候変動が起きると想像できたでしょうか。でも実際に起きているのです。

同じ期間、つまり２～３００年、あるいは５００年先のことを考えてみることができるでしょうか。なにが想像できますか？　自然のない世界？　あるいは自然界の多様性が大変な勢いで失われた世界でしょうか。人間は、自然に頼って生きているのだということに気がつかないといけないのです。

今の政治家の活動を見てご覧なさい。例えばブッシュ大統領は、この惑星が大事だとはまったく考えていないように見えます。京都で、大変な努力の末にこの惑星の変化についてほんの小さなコントロールをしましょうということになったのに、彼はそれを却下しました。第一に、彼はこうした変化が起きていることを信じようとしないし、第二に、たとえ起きていたとしてもそれが重要だと思っていないのです。『すべてのものを今使え！』というのがその哲学でしょう。未来のことは考えなくていい。私たちは今、ここで生きているのだから。興味があるのは自分自身だけです。子どもたちは、自分の面倒を自分で見ればいい。ぞっとする考え方ですよね。

このことはともかく、ポジティブな道について話しましょう。私は多くの人たちがこちらの道を歩み始めていると思います。その証拠に、旅行産業のなかでエコツーリズムは最も急速に成長を遂げいています。多くの人が自然を求めています。多くの人が、自分たち自身の健康と成長に自然体験が大事だと理解し始めています。これはとても重要なことです。そしてこうした理解は拡がっていると思います。

ネイチャーネットワークはこうした理解を促進し、人々に、自然とつながりを持って生きていく必要があるという理解を拡げていく助けになるのではないかと思います。そしてこうした理解こそが結果的に自然を守っていくことになると思っています。今、確かに自然に変化が起きています。しかし、もし私たちが自然を壊さなければ、未来を美しい状態のまま残せるほどの回復力が自然にはあると信じています」

Q　10年前と比べると　人々は気づき始めていますよね。私は希望を持っています。

「ええ私も希望を持っています。破滅に向かっているとは信じたくありません。夜明けが訪れることを信じています」

◇世界へつなぐ

　ネイチャーネットワークは都会で生きる私たちの生活時間のなかに、ほんのわずかだけれど「自然のリズム」が染み込む「窓」を開けようという試みだと思います。その小さな窓がやがて大きな窓になり、今よりもっと世界中の自然が感じられるプロジェクトに育ったときに大きな変化が人間のなかに起きるのかもしれません。

　ネイチャーネットワークの大きなポイントは「ライブ」であることです。遠く離れた自然の映像と音がリアルタイムに視聴できるのは、インターネットだけが提供し

オルカラボからの風景

てくれるライブ体験です。そのことによって、たとえ完全な身体経験でなくても、自分という「いのち」と遠くにある「いのち」のつながりを、あるリアリティを持って感じることができるのだと思います。その「つながり」を感じたときに、たとえ小さくて画質の悪い映像であっても、感動することができるのでしょう。

　もうひとつ、スポング博士はネイチャーネットワークの役割について考えています。自然を求めるあまり、人間が大挙して自然を訪れると、皮肉なことに自然は破壊されてしまいます。実際にジョンストン海峡でも夏になると多くのホエールウォッチング船がたくさんのツアー客を乗せて出航します。年々増幅していくボートノイズが、音で世界を感じているオルカにどのような影響を与えるのか、スポング博士は心配しています。

　ネイチャーネットワークは、人間が自然に過大な影

響を与えることなく自然を感じることができるという大きな特徴を持っています。つまり、矛盾を抱えてしまった人間と自然との関係のなかで、ひとつのクッションとして機能させたいとスポング博士は考えています。

オルカラボ・ホームページ　http://www.orcalab.org
ネイチャーネットワーク・プロジェクト　http://www.naturenetwork.net/jp
オルカライブ　http://www.orca-live.net/jp

2

市場社会との両立への動き

小さな町の大きな挑戦

徳島県上勝町の町づくり

市場社会との両立への動き　1

杉本 あり（執筆家／翻訳家）

２００４年５月31日掲載

徳島県の真んなかにある人口２２００人足らずの上勝町《かみかつちょう》。この小さな町が、にわかに脚光を浴びています。その理由は２つ。ひとつはお年寄りが大活躍している会社「いろどり」。そしてもうひとつが、２００３年９月に日本で初めて採択された「ごみゼロ宣言」です。即興的な町おこしに終わらない、アイデア溢れる町の取り組みに、住民が一丸となっているようです。小さな町の活力を探るため、全国から視察に訪れる人たちも今やひっきりなしだとか。「町づくりは人づくり」を合言葉に活動する、元気いっぱいの上勝町をリポートしました。

1　山の上の小さな小さな町

徳島空港から南東に向かって、車に乗ることおよそ1時間。山間の道をぐんぐん登っていくと、自然の色合いがどんどん濃くなっていくのを感じます。たどり着いたのは四方を山に囲まれた、小さな町。徳島県の中央にある上勝町です。町の周囲には雲早山《くもそうやま》、高丸山《たかまるやま》、旭ケ丸《あさひがまる》といった連山がそびえます。町の東の高丸山は、中腹に広がるブナの原生林で知られ、登山者が絶えません。山々から流れる、旭川《あさひがわ》や勝浦川《かつうらがわ》は、遠目にも川底が見えるほどの清流。あちらこちらから響くさまざまな鳥の鳴き声を聞いていると、自然のなかに吸い込まれてしまいそうな錯覚を覚えるほど、深い緑に囲まれています。

雄大な自然に抱かれたこの町の面積は109・68平方キロメートル。東京都世田谷区が58・08平方キロメートルということですから、その約2倍もある広大な土地です。しかし人口は2200人足らず（参考：東京都世田谷区　80万2000人）。しかも44・4％が65歳以上の高齢者という、過疎・高齢化の町なのです。四国一小さな、お年寄りの町、それが上勝町です。

2 高齢化社会を支える取り組み「いろどり」

◇町の主役をお年寄りにした会社

これといった産業のない町にとって、山に囲まれた地形が農業を営むにもネックであったことは、想像に難くありません。上勝町では、温暖な気候に適したみかんやすだちなどの柑橘類を、主な農作物としていました。

しかし１９８１年の大寒波でみかんの生産に行き詰まってしまいます。大被害を受けた生産農家を救済するために、「みかんに代わる農作物を」とさまざまな農作物が考えられました。そのなかのひとつが、料亭などで使われる「つまもの」販売。それが「いろどり」の仕事です。当初は第３セクターとしてスタートし、現在は株式会社いろどりになりました。

当時、農協の職員だった横石知二さん（現株式会社いろどり代表取締役副社長）は、出張先で入ったすし屋でこのビジネスを思いついたそうです。

「料理に添えられているつまものを持ち帰ろうとしている客を見て、これなら山にいくらでもあると、ひらめいたんです」と横石さん。山のなかで、とりわけ女性ができる産業を、と考えていた矢先のこと。86年に葉っぱの試験的出荷が始まりました。

当初料理人の反応は薄かったそうです。横石さんは料亭に通ったり、料理人を招いたりして、つまものの役割や料理と葉の組み合わせを勉強します。それらの知識が収穫に反映されるようになると、「いろどり」の売り上げは順調に伸びていきました。

今では、年間２億５０００万円も売り上げる、上勝町を代表する生業になっています。

◇高齢者が生きがいを見つけたことが、なによりの町の財産

「いろどり」を支えているのは２００人近い会員の皆さん。中心は60〜70代のお年寄りです。強力な戦力のひとり、菖蒲増喜子さん（80歳：取材当時）にお会いしました。

増喜子さんの一日は、「いろどり」に始まり「いろどり」に終わるといったところ。日中は収穫作業やパック詰め。お昼の集配後も、翌日の出荷に備えます。夕方になると、町の防災無線を活躍したファックスが、「いろどり」本社から届きます。「このファックスが毎日楽しみでなぁ」と増喜子さんはニコニコ顔。そこには、その日一日の出荷高や、激励の言葉が書かれていました。

そして夜には「いろどり」が開発した、お年寄りにも簡単に操作できるソフトを駆使して、ホームページのチェックです。これが一日の終わりの日課。「ここを見れば、横石さんが今日一日なにしよったかわかる

上勝町の眺め。「いろどり」に参加するようになった人たちが、新たに道路沿いに出荷できるもみじや柿などを植えたため、町の景観がずいぶん美しくなったそう

けん」と増喜子さん。会員に向けたページには、横石さんの日記が毎日更新されます。
パソコンに向かう目的はそればかりではありません。ホームページには翌日の出荷情報が事細かに指示されているのです。暗証コードを入力すれば、自分のその日の売上高、売り上げ順位も見られます。具体的な数字と、「いろどり」スタッフから毎日届く言葉。この2つが増喜子さんのやる気を倍増させるようです。お正月には里帰りした娘さんと孫嫁が収穫を手伝ってくれた、とうれしそうに話します。

「あの笑顔は自信の表れ。お年寄りに自信がついたことがなにより」と横石さん。現在上勝町の寝たきり老人はたったの3人しかいないそうです。社会参加しているという自信が、お年寄りを元気にするのでしょう。

お年寄りが元気になれば町も元気になる。そんな見本が上勝町ではないでしょうか。今後日本が立ち向かうであろう高齢化社会を、勇気づけてくれている気がします。

収穫作業をする菖蒲増喜子さん。会員は個々人がそれぞれの土地で収穫をする。つまり庭先の葉っぱが収入源になるのだ

3 ごみゼロ宣言という挑戦

◇34分別がごみの量を減らす

上勝町では『ごみゼロ宣言』が、2003年9月に採択されました。2020年までに、という期限つきではありますが、「焼却・埋め立てによるごみの処理を限りなくゼロに近づける努力をする」というものです。

もともと上勝町では、ごみを野焼きしていました。ごみの適正処理を図るなかで、まずは生ごみの堆肥化に取り組みます。生ごみ処理機の購入費補助制度をいち早く導入し、各家庭で生ごみの処理をしてもらうことに。その普及率は98%におよびます。現在、生ごみの回収は行われていません。

97年の容器包装リサイクル法、00年のダイオキシン類特別措置法の施行に伴い、町のごみ分別も変遷していきます。19分別が25分別になり、そして35分別。現在では、ひとつ減って34分別に落ち着きました。

「焼却ではなくリサイクルで減量化を」という、当時総務課長だった笠松和市町長の提案で、町づくり推進課の東ひとみさんが、ごみの引き取り先を開拓し始めます。割りばし、紙おむつ、と個別に収集先を確保していった結果が、34分別です。

「しかしこれで良いと、終わりにするわけではありません」と笠松町長。今まで日本は、焼却によるごみ処理に頼ってきました。しかし、焼却が大気汚染物質やダイオキシンをはじめとする有害物質を発生させることは、今や周知の事実です。また、８００度という高温での焼却は、地球温暖化にもつながります。「８００度以上で24時間３６５日、１００トン以上のごみを燃やすように国が指導する。大気汚染を国が補助しているようなものなのです」と、笠松町長は断言します。

　では、どう変えていくべきなのでしょう。

「そのためには、すべての製品を回収して再資源化するよう、製造業者に義務づける法律が必要です。違反した企業や個人にも厳しい罰則規定を設けるべきでしょう。出たごみを処理する対策ではなく、ごみの発生を抑える

日比ヶ谷ゴミステーション。住民は持参したゴミを表示にしたがって分別していく。その場で確認しながらの流れ作業で、容易に34分別できる仕組みだ

製品をつくるようにするべきです。ごみを出せばお金が返ってくるデポジット制を徹底させれば、消費者も進んでごみを出すようになるはず。不法投棄は減るのです」

ごみを減らすためには、国とメーカーの努力、協力が必須となってきます。すでに笠松町長は財界、環境省などへ具体的な働きかけを始めているそうです。

◇ごみ収集車はいらない

上勝町では、34分別導入後、可燃ごみはそれ以前の3割にまで減少したそうです。一般家庭ごみの再資源化率は75%以上に達しています。

ところで、上勝町にはごみ収集車が走りません。町民が唯一の集積所「ごみステーション」に持参します。お年寄りはさぞ不便を感じているのでは？　と心配してしまいますが、ここでも住民の知恵が働いています。車を持たないお年寄りのごみは、ボランティアグループ「利再来上勝（リサイクルかみかつ）」が無料で運搬（注1）。自分のごみを運ぶついでにお年寄りに声をかけるから、声をかけられた方も気兼ねなく頼めるそうです。また、集落単位で収集場所を独自に設け、住民が順番に運搬している地区もあるそうです。住民の自発的な活動が町の取り組みを支えることで、ごみは確実に減っているのです。

上勝町を訪ねたとき、折りしも町では「ゼロ・ウェイストアカデミー」というＮＰＯ立ち上げの準備をしていました。ごみについての困っている情報、開発情報などアイデアの情報収集、発信拠点としての活動を目的としているそうです。世界のごみ問題を、日本の小さな町、上勝町がリードしていく日も遠くはないでしょう。

注1　現在は、「利再来上勝」は解散。ゼロ・ウェイストアカデミーが有料回収事業として引継いでいる。

4 棚田保全のために

急峻な山のなかで米をつくるために考えられた棚田。上勝町の水田の多くが、この棚田です。棚田は雨水を一枚一枚の水田に留め、治水ダムの役割を果たします。また水の浄化機能もあり、川に流れ込む水をきれいにしています。一方で、水田一枚一枚の面積が小さく、農機具の入らない棚田の耕作を人力で続けていくことは、とても大変なこと。ましてやお年寄りには過酷な労働です。多くの過疎の村で、耕作放棄地が増えているのが現状です。

上勝町では棚田保全のために、一部の棚田でオーナー制度を取り入れることにしました。徳島市など都市部の人に、棚田での農業体験をしてもらおうというもの。オーナーは秋の収穫期に、自分たちの手で育てた米を受け取ることができます。収穫の喜びを味わってもらうことが、棚田の景観を守ることにつながるのです。

ぜひ参加したいという方は事務局（注2）へ問い合わせてみてください。景観保護に一役かってみませんか。

注2　問合せ先「NPO法人郷の元気」
〒771-4501　徳島県上勝町福原川北30
TEL/FAX 0885-46-0676
Email satonogenki@mail.goo.ne.jp

5 商店街あげてのエコツーリズム

上勝町の町づくりはまだまだ続きます。地域活性化などを目的とした構造改革特区に、「上勝町まるごとエコツー特区」が認定されたことも、そのひとつでしょう。エコ（環境）とエコノミー（経済）をツーリズム（交流）によって結びつける、と位置づけた上勝町のエコツーリズムは滑り出したばかりです。

まずは、歴史あるあさひ商店街を歩いてもらい、商

日本の棚田 100 選にも選ばれた「樫原の棚田」

店街の店主たちと交流してもらおうという試みが始まっています。古い商店街の店主たちは、昔ながらの伝統と知恵を語ってくれます。温かいもてなしを受けながら、上勝町で受け継がれている生活の知恵も学べるはず。

話がそれますが、上勝町では阿波晩茶というお茶が一般的に飲まれています。番茶とは違い、葉をゆでてから嫌気発酵させる、後発酵茶です。空気に触れずに発酵させると乳酸菌が発生し、独特の酸味や香りを生むそうです。この阿波晩茶、7月末ごろにいっせいにお茶の葉を採り（葉だけではなく枝ごと落とすそうです）つくられます。あさひ商店街のあちらこちらで、茶葉をゆでたり発酵させたりする様子がみられるのだとか。ほかの土地では見ることのできない阿波晩茶の製造が、その時期のエコツーリズムの目玉になりそうです。

6 おわりに――上勝町が教えてくれたこと

今回、駆け足で上勝町の町づくりの知恵を拝見してきました。実はこの「知恵」という言葉、お話を伺った皆さんの口から、何度も何度も出てきた言葉です。

上勝町の町づくりの原点は「知恵を出し合う」ということにあるようです。各地区から委員を選出して、暮らしの知恵を話し合う1Q（いっきゅう）運動会という活動も行われています。知恵を集めることが、暮らしを良くし、町を良くするのだと教わりました。

お年寄りが社会参加するための、介護養護施設「ひだまり」もオープンしました。ここでは、地場の農産物を使った料理の講習会を催したり、ひとり暮らしのお年よりに配食サービスなどもする計画です。もちろんお茶を飲みながらの地域の人たちの交流の場にも、と前出の東さんは期待を寄せています。

ごみゼロへの活動など、２２００人の町だからできること、と最初思いました。東さんにその疑問をぶつけると、逆に驚かれました。東さんは分別を推進する間「もっと人口が多ければ、もっと楽なのに」と絶えず思っていたそうです。「都会ならごみが多い分、すぐに量がたまる。それはきちんとリサイクルに回せるということです。例えば上勝では、リサイクルに回す量のペットボトルがたまるまでに、ほこりをかぶってしまうんですね。都会では24時間オープンしている店もたくさんある。そこをごみの回収拠点にすれば、住人は好きな時間にごみを出せるんですよ」との指摘。なるほど、であります。

皆の環境問題への意識が高まってきた昨今。しかし町を挙げての活動となると、まだまだ改善の余地はありそうです。それぞれの地域で、そこに合ったやり方を考え、環境を見直す。環境が改善されれば、自然と町が魅力的になる。上勝町が教えてくれたことは、そんなことです。徳島県の小さな小さな町が発信しているメッセージは、想像していた以上に大きなものでした。

21世紀の新たな組織形態

ソーシャル・エンタープライズ（アメリカ）

市場社会との両立への動き 2

長野 弘子
（ジャーナリスト／翻訳家）
2004年8月3日掲載

　レインボーフラッグがいたるところにはためくカストロ通り。

サンフランシスコの青く澄み渡った夏空の下、カストロ通りにあるアイスクリーム店、ベン&ジェリーには、汗を滲ませた客が入れ替わり立ち替わり入って行くのが見えます。ラム・レーズンやブルーベリーなど色とりどりのアイスの注文に笑顔で応対する若いスタッフたちは、社会的な問題の解決にビジネス的な手法を取り入れたNPO組織、ジュマ・ベンチャーズ（Juma Ventures）で働く青少年です。企業の効率的なマネジメントと非営利団体の目的を合わせ持つ、こうしたハイブリッド型のNPOは「ソーシャル・エンタープライズ」と呼ばれ、世界中で増加しています。このカストロ通りのアイスクリーム店もそのひとつですが、カストロ通りといえば、ゲイ・コミュニティとして世界的に有名な地域です。70年代に米国を席巻したゲイ・ムーヴメントの火つけ役となった活動家、ハーヴェイ・ミルクもまた、この通りで小さなカメラ店を経営していました。いたる所に象徴的なレインボーフラッグが掲げられ、ゲイ・ムーヴメント発祥の地としていまだに当時の面影を強く残しているこの土地に、若き社会起業家という、また新たな運動のシンボルが生まれようとしています。

1　ビジネスとＮＰＯを融合させるジュマ・ベンチャーズ

◇１台の屋台から始まる社会起業家の挑戦

潮の香りのするサンフランシスコ湾沿いにオフィスを構えるジュマ・ベンチャーズは、低所得者や家庭に問題を抱える14から29歳までの青少年に対して、雇用の機会と技能向上のための職業訓練プログラムを提供しています。冒頭に述べたアイスクリーム店舗「ベン＆ジェリー」のほか、サンフランシスコ・ジャイアンツの本拠地球場「ＡＴ＆Ｔパーク」の売店など５つの事業を展開し、現在は２５０人以上の青少年を雇っています。ジュマの目的は、「雇用の機会が与えられていない青少年に対して、ビジネス的な手法を用いてその機会を提供し、青少年の育成と事業による利潤性の双方を同時に追求するという新たなパラダイムを創出すること」です。ジュマが提供する仕事についた青少年は、これまでに１５００人を超えています。ちなみに、〝ジュマ〟とは西アフリカに位置するガーナのアカン語で「仕事」を意味し、スワヒリ語、トルコ語、ペルシャ語などでも幅広く使われている言葉だそうです。

ジュマ設立のきっかけは、1991年にさかのぼります。ホームレスの青少年に食べ物や衣類を支援するNPO「ラーキン街青少年センター」(LSYC)で働いていたダイアン・フラネリー氏は、青少年を自立させるためにはもっと有効な方法があるのではないかと考えていました。例えば、職業訓練を効果的に行うことで、仕事のスキルを身につけ、自立への道が開けてきます。フラネリー氏はこの考えをさっそく実行に移し、LSYCの内部プロジェクトとして1991年にジュマを発足させました。試行錯誤を繰り返しながらも、1994年には最初のビジネスとなる「屋台アイスクリーム」(ICOW: Ice Cream on Wheels)を立ち上

ジュマが入っているオフィス。このビルに入っているテナントのほとんどがNPOとのこと
ここステュアート通りには、YMCAをはじめ多くのNPO組織が並んでいる

げ、地元の祭りやイベントでアイスクリームを売る屋台の運営を開始しました。その後、１９９５~９６年にサンフランシスコ市内にある３つのアイスクリーム店の経営権を買い取り、雇用枠を増やしていったのです。

この屋台と３つのアイスクリーム店舗は、全米に１２０店舗を展開する「ベン&ジェリー」のフランチャイズ店です。米国バーモント州の小さな手づくりアイスクリーム店から始まったベン&ジェリーは、約20年で１億６０００万ドル規模の企業に成長しました。コミュニティ支援や環境保護に力を入れるなど、社会貢献を重視した企業哲学を持つ企業として有名なベン&ジェリーや、ほかの社会的責任を重視する企業と提携し、ジュマは１９９６年に正式に独立を果たしました。

◇なぜ自らビジネスを運営するのか？

ジュマは、食べ物や衣類を提供する既存のホームレス支援ＮＰＯとは異なり、自立支援のための実践的な職業訓練プログラムを用意しています。それでは、具体的にどのような青少年を対象にして、どのような職業訓練を行っているのでしょうか？　まず、ジュマが対象としている青少年とは、サンフランシスコ市内に住む低所得者層の青少年のすべてとなります。米連邦政府で定められている貧困層は４人家族で年収１万８０００ドル以下と定められており、現在、サンフランシスコ市の貧困層は25万人、そのうちの５万人が青少年と言われています。

この条件に見合う青少年は、２つの面接を受けることになります。第一次面接は、「ケース・マネジャー」と呼ばれる個々の事例や必要性に応じて適切な対処法を見いだす専門スタッフにより行われ、家計の状況から、ドラッグやアルコール中毒に陥っていないかの確認まで行います。ジュマでは、ドラッグやアルコール中毒の青少年の雇用は基本的に行っておらず、それぞれのケースに応じて最適な支援組織を紹介することにしているのです。次いで第二次面接では、事業面のマネジメントを行う専門スタッフの「ビジネス・マネジャー」が、アイスクリーム店や野球場の売店など、どの職業が本人に合っているかを本人と話し合い、最適な仕事に就けるようにします。

ジュマでは、野球場のスタンドや売店の仕事など、青少年向けの職業を「ジュマ・エンタープライズ・ジョブ」と呼んでおり、毎年そこで約１００人の青少年が働いています。ジュマ自ら事業を運営することで、雇用枠を生み出しているのには理由があります。それは、中高卒向けの就職市場が年々縮小しているため、17から18歳の青少年が初級レベルの仕事につき、15から16歳の若年層はそのしわ寄せを受けて初級レベルの仕事ですら見つけるのが困難になりつつあるからだそうです。また、英語があまり話せない移民、マイノリティ、さらに精神疾患や犯罪歴を持つ青少年は、仕事を見つけるのがより難しい状況にあります。そこで、彼らに雇用機会を与え、仕事の経験を積み、自分を高めるための資産づくりのために、ジュマが自ら雇用の受け皿をつくる必要があったのです。

実際に、ジュマで雇われた青少年のデータを見てみると、そのうちの23%が精神疾患、31%がホームレスの危険性、22%が犯罪歴を持っており、一般企業で雇用機会が与えられる可能性の低い青少年が多いのです。ホームレスの危険性というのは、貯蓄がほとんどないため、家族の働き手が仕事を失ったら翌月の住居費を払えずに即座にホームレスになる危

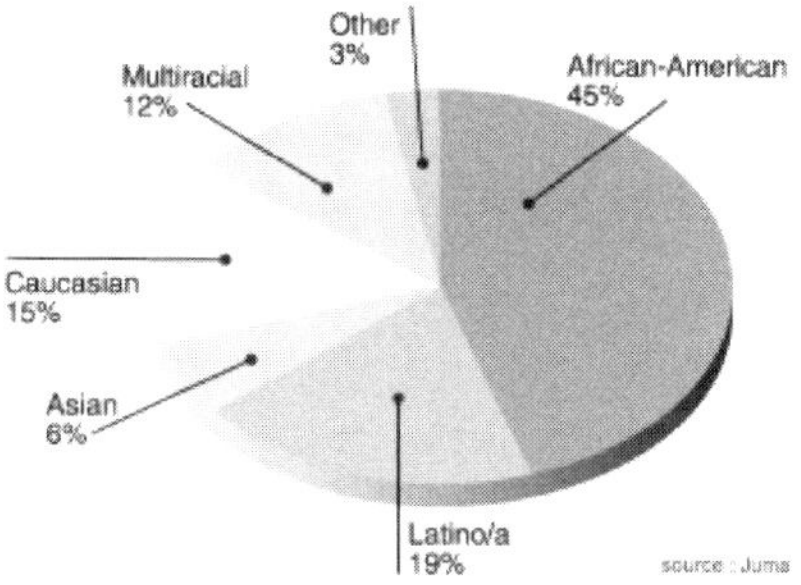

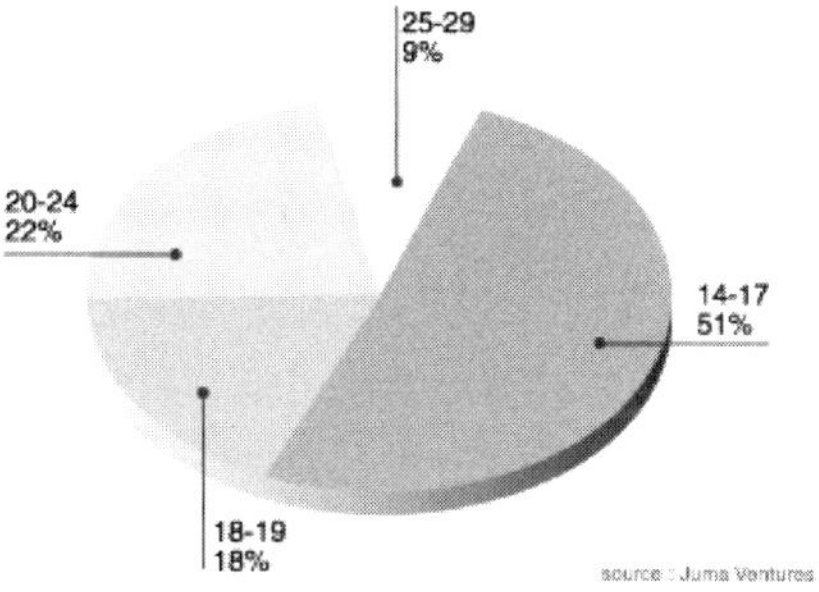

右：　年齢分布　1998年から2002年の間に、ジュマ・ベンチャーズで働いた青少年の年齢分布。14-17歳の年齢層が半数以上を占めている

左：　エスニシティ分布　1998年から2002年の間に、ジュマ・ベンチャーズで働いた青少年のエスニシティ。アフリカ系アメリカ人が45%、ラティーノ／ラティーナが19%、白人が15%と続く。米国全体の人口構成は、2007年時点で白人が66%、黒人およびラティーノ／ラティーナなどマイノリティが34%なので、全体の構成比とは桁外れにマイノリティが大きな割合を占めている

険と隣り合わせにあるという意味です。給料が低いので、貯蓄がまったくできない非常に不安定な状況にある青少年が大勢います。ジュマの理事を務めるジム・シュアー氏は、「ジュマが青少年を対象にしているのは、この時期に人生の進路が決まってしまい、取り返しのつかないことになるケースが多いからです。本来は、両親や学校、政府機関が支援すべきですが、うまく機能していない場合がほとんどです。ジュマは、自らビジネスを運営することで、雇用を創出し、資産づくりまでアドバイスします。この点で、教育プログラムだけしか提供せず、仕事探しは青少年に託されるほかのＮＰＯとは大きく異なっているのです」と説明しています。

　もちろん、青少年の自立への道のりは平坦ではありません。通常の企業ならば即座に解雇したいような状況であっても、ジュマには根気強く彼らを教育することが求められるのです。ジュマでは４段階の職業訓練プログラムをつくり、効果的な職業教育を行っています。まず、仕事始めに受ける新規採用者のための訓練、次に同僚による訓練、管理者のための訓練、そして経営者のための訓練です。それぞれの成長段階にしたがってこれらの職業訓練を受け、段階が変わるごとに給料が上がって行く仕組みになっています。ジュマで青少年が働く期間は平均して１年半から２年で、その後はほかの企業に巣立って行きますが、その間にこの４段階の職業訓練を受けながら仕事のスキルと給料を高めていくことができるのです。冒頭で紹介したカストロ通りにあるベン&ジェリーでも、スタッフはすべてジュマの職業訓練を受けており、店長のアネッタ・ルシオさんも、初級レベルから働き始め、次第にマネジメントのスキルを身につけていったそうです。

◇評価システムと多様なプログラム

ジュマは、それぞれの仕事についた青少年が、実際に仕事をしているか、また職業訓練の成果や財政状況を確認する目的で、半年おきにフォローアップの面接を行っています。2年間にわたって行われるこの職業評価システムによると、1年目は初級レベルの仕事についている青少年がほとんどですが、2年目には彼らの多くが責任者や管理者の立場に昇進しています。さらに、多くの青少年は、ジュマで働くようになってから2年ほどでジュマを離れ、より条件の良い仕事についているというデータが出ています。例えば、就業時の時給が7・82

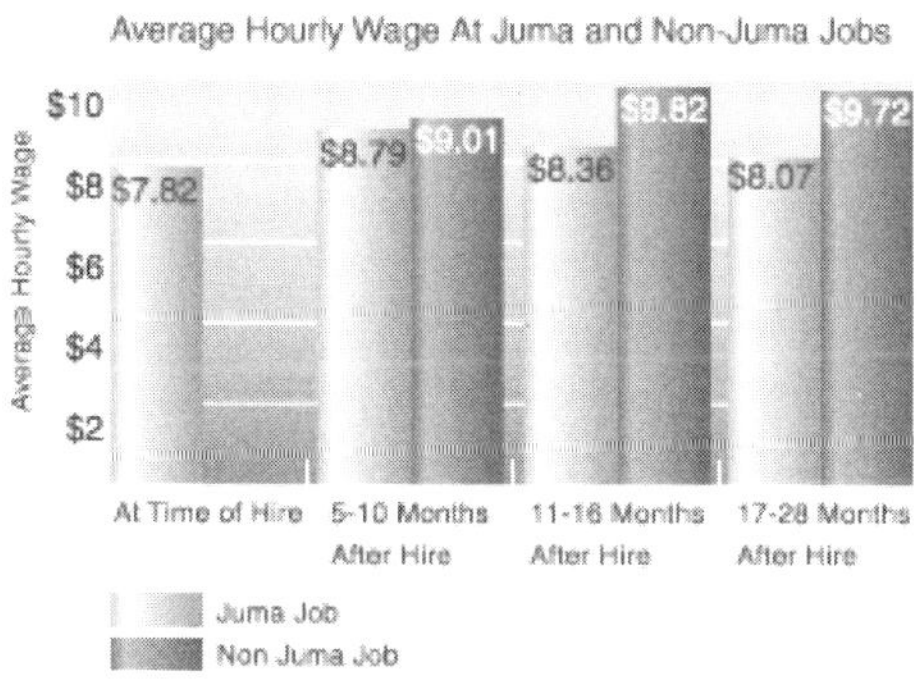

ジュマ・ベンチャーズで働く青少年のフォローアップ調査
就業してから17-28か月後の青少年の時給は、大幅に増加している

ドルだったのに比べて、それから17か月後のジュマの仕事は時給8・07ドル、ジュマを離れたあとの仕事は時給9・72ドルとなり、大幅に増加しているのです。

ジュマでは、2年間を大きな節目と考え、それまでにより条件の良い仕事につくか、大学への進学を目指すことを青少年に呼びかけており、そのためのさまざまな教育プログラムを用意しています。例えば、貯蓄を増やすためのプログラム「フューチャーファンズ」は、青少年のための最大規模の資産プログラムとして全米で高く評価されています。シティバンクの支援により、手数料や口座

右：　店内にはいたる所に、ジュマ関連のイベントや催しの写真、ポスターが貼られている

左：　カストロ通りにあるベン&ジェリー店長のアネッタ・ルシオさん
ジュマの仲間と一緒に笑顔で働いている

維持費を無料または低コストに抑えた銀行口座を開設し、お金を貯めることができるのです。この口座は教育やコンピュータ購入などカテゴリー別に貯蓄することができ、マッチング制度により、教育分野では貯めたお金の３倍、それ以外では２倍の金額が寄付されるという仕組みになっています。

ほかにも、メリルリンチなどの投資銀行の協力により、お金との上手なつき合い方から資産運用の基礎までをわかりやすく教えるワークショップを開催し、効果的に資産をつくり、それを運用していくノウハウを学ぶことができます。フューチャーファンズは大きな注目を浴び、現在はデジタルディバイドの解消を目指す若い女性向けのＮＰＯであるガールソースなどでも同じプログラムを導入しています。

また、青少年のなかには、大学進学を遠い世界のように感じている人も多いと言います。そこで、実際に大学に青少年を連れて行き、大学での生活を体験してもらうことで自分も大学で勉強できるという自信や希望を持ってもらう「カレッジツアー」を実施しています。ＵＣＬＡやサンタクララ大学を含む多くの大学で、ジュマ出身者や似たような背景を持つ大学生に、専攻分野やキャンパスライフについて語ってもらうのです。ツアーに参加したダミアン・ビースリー君は「カレッジツアーに参加したことで、僕の人生の方向性が定まったよ。大学に行くことが、一番賢い選択だって確信したんだ」と語りました。ジュマによると、先輩の話やキャンパスの雰囲気に触発され、カレッジツアーに参加した青少年の40%がその後大学に進学しているそうです。

◇新しい形態のインキュベーター事業

当初はうまくいくかどうか懐疑的に見られていたジュマですが、現在では、ベン＆ジェリーやＡＴ＆Ｔパークなど、ジュマが運営している事業による売上が２００万ドル、資金集めや寄付による資金が２００万ドル、合わせて４００万ドルの予算を運営して大きな成功を収めています。事業売上の２００万ドルは、スタッフの給料、職業訓練を含めた事業面の支出に使われ、残りの２００万ドルは運営にかかる諸経費、オフィス代や電気代のほか、資産運営プログラム、学校に行くためやコンピュータを購入するためのマッチング制度に使われています。

10年の節目を機に、ジュマは２００１年、また新たな試みを開始しました。それは、青少年の社会起業家を対象にしたビジネス・インキュベーター事業「ジュマ・エンタープライズ・センター」です。ジュマがソーシャル・エンタープライズの分野で蓄積してきた10年間のノウハウを、次世代の社会起業家に伝え、新たなビジネスをつくり出すための資金援助までを含めた事業です。シュアー理事は、「ジュマ・エンタープライズ・センターは、

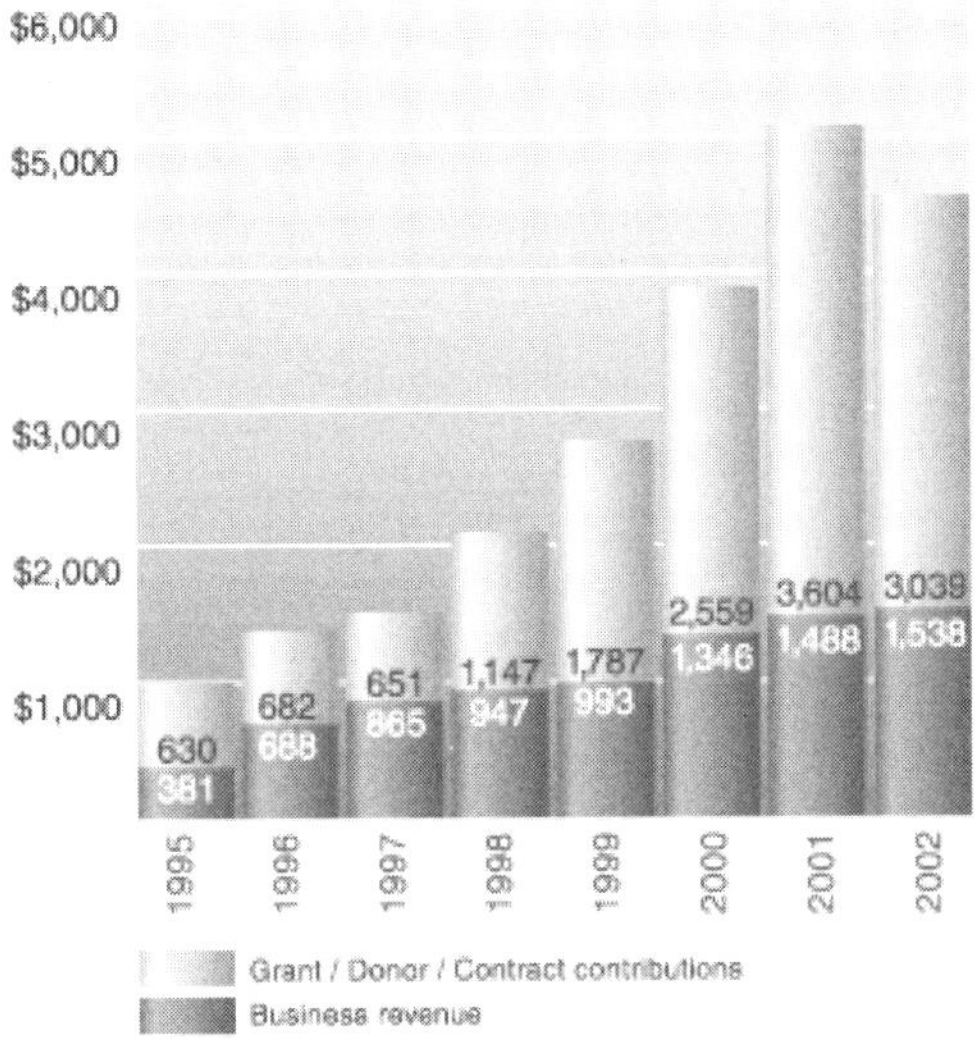

ジュマ・ベンチャーズの
バランスシート
1995 年から 2002 年までのジュマの財務情報
棒グラフの上部が寄付や助成金で、下部が事業売上によるもの
毎年順調に増加しており、2004 年には寄付や助成金が 200 万ドル、事業売上が 200 万ドルとほぼ同額に並んだ
(グラフは 2002 年まで)

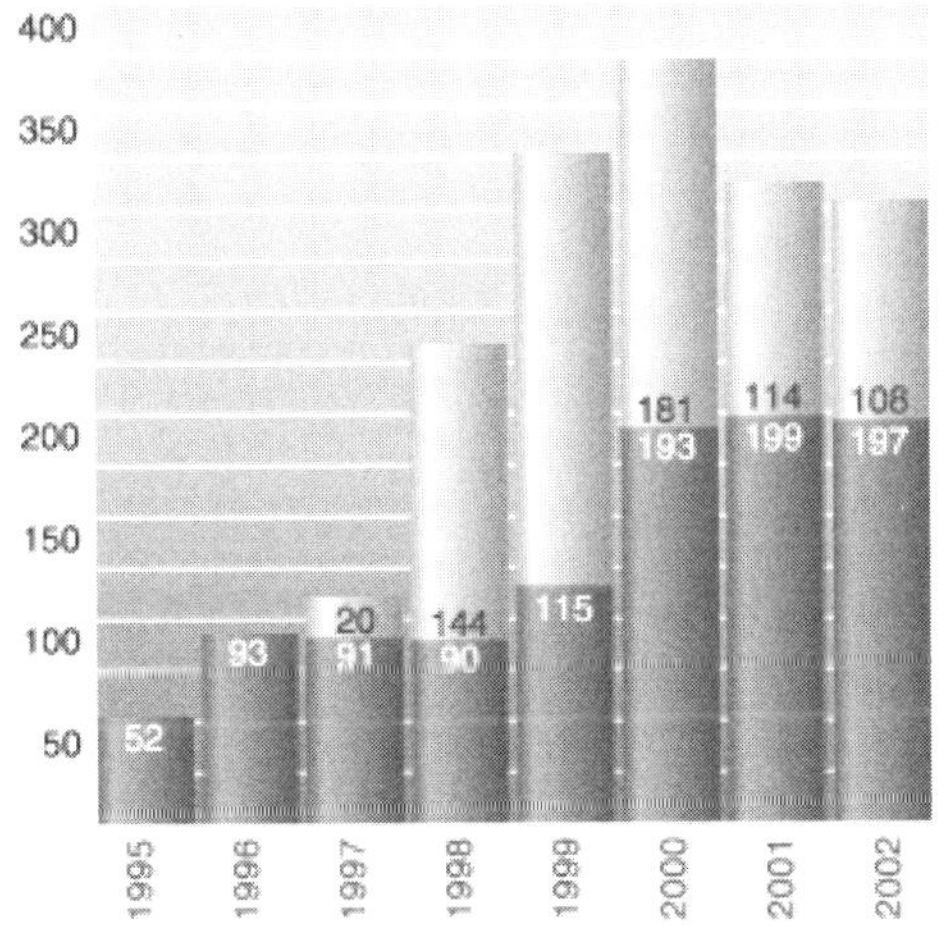

従業員数の推移グラフ
1995 年から 2002 年までジュマ・ベンチャーズで働いた青少年数の推移
棒グラフの上部がフューチャーファンズなどのプログラムに参加した数で、下部がアイスクリーム店などのビジネス分野で働いた数。ビジネス分野では、2004 年は 207 人働いている
(グラフは 2002 年まで)

まったく新しい形態のインキュベーターです。インキュベーター自体は珍しくないのですが、ソーシャル・エンタープライズと社会起業家に対象を絞ったインキュベーターは、これまで存在していませんでした」と語っています。

ジュマ・エンタープライズ・センターから投資を受け、現在事業を運営している企業に、ヨセミテ国立自然公園でロッジを営むエバーグリーンが挙げられます。エバーグリーンは、ジュマの投資を受け、３人の社会起業家がつくった企業であり、ジュマの青少年もそこで働いています。同理事は「資金、ビジネスモデル、そしてスタッフともに、ジュマの協力の下に行うことができるのです。これは、社会起業家に事業を実践する機会を与えるだけではなく、青少年にさらなる雇用機会を与えることにつながります。非営利であるジュマと、利益を追求する企業がパートナーシップを組んで、ビジネスを行っている最適な例です」と説明しています。

これまで見てきたジュマの職業訓練、資産運用プログラム、カレッジツアー、そしてインキュベーター事業は、そのどれもが青少年が社会的に、そして経済的に自立できるように綿密に構築されたものです。そのなかでも、ジュマが特にユニークな点は、仕事を通して青少年に自立のためのライフスタイルそのものを提案していることなのではないでしょうか。

2 増える社会起業家とソーシャル・エンタープライズ

◇ゴルフ会社役員から、社会起業家へ

ここ数年、社会起業家やソーシャル・エンタープライズが米国で急速に増えています。シュアー氏もまた、ビジネスの世界から、ソーシャル・エンタープライズに飛び込んだひとりなのです。以前は大手ゴルフ会社に務めており、日本市場向けの新製品やサービスの開発のために何度も来日したことがあるそうです。その後、いくつかの企業で働きましたが、お金よりも、もっと人生のなかで意味のある充実した仕事がしたいと思うようになっていきました。そんなとき、ビジネス的な手法を使いながら社会問題の解決

ジュマの理事を務めるジム・シュアー氏

を目標とする「ソーシャル・エンタープライズ」の話を聞き、興味をそそられました。もともと、ノースウエスタン大学のビジネススクール時代、「責任あるビジネスのための学生たち」(Students for Responsible Business) という組織を立ち上げ、社会的責任を重視するＭＢＡ学生の支援を行ってきたので、自分がやりたいことに近いと感じたそうです。ちなみにこの組織は、現在も「ネット・インパクト」と名前を変えて活動が続いています。

シュアー理事は言います。

「私は、根っからのビジネスマンだと思います。だからこそ、ソーシャル・エンタープライズの可能性に興味を持ったのです。社会問題の解決とビジネスという２つの分野は、これまでは別々のものと考えられており、本当にそれを統合することができるのだろうかと疑問もありました。だからこそ、ビジネスマンとして、このアイデアに惹かれたのです」

しかし、２０００年当時、明確なビジネスモデルを打ち出して成功しているＮＰＯはジュマのほか、数えるほどしかなかったそうです。同氏の大きなキャリア転換に対する家族の反応はさまざまで、同氏の母は喜んで応援してくれたものの、父は給料が高く地位のある仕事を辞めることに対しての理解を示してくれませんでした。

同氏の父の考えが、大多数の意見であるのは事実でしょう。給料は以前の３分の１程度になることがわかっており、自分の人生を大きく変えることになる決断です。しかし、シュアー理事は、ジュマでの経験を通して得たものを考えると、ソーシャル・エンタープライズの世界に思い切って飛び込んで満足していると言います。「企業勤めをしていたころと、多くの面でまったく違っていますよ。まず、人が違います。米国の企業は白人男性が中心の世界でしたが、ジュマでは実にさまざまな人種や民族、背景を持つ人々が集まっています。みな自分たちがやっていることに誇りを持ち、いきいきと輝いていますし、違いを超えて互いの人生をよりよい方向に変えていると実感できるのです」

◇高まる学術分野での研究

現在、米国に数百存在するといわれるソーシャル・エンタープライズは、学術分野での研究もここ数年で盛んになっています。10年前には、米国でソーシャル・エンタープライズに関する講座を開講しているビジネススクールは皆無であり、自分のキャリアとして社会起業家を考えるＭＢＡの学生もいませんでした。しかし、今では「社会的責任」や「持続可能なＮＰＯ運営」に関して、多数のビジネススクールが研究テーマとして取り上げ、スタンフォード大学やハーバード大学など合計80校以上がソーシャル・エンタープライズ部門を立ち上げています。ジュマの元最高執行責任者であるクリス・ダイグルマイヤー氏も、スタンフォード大学のソーシャル・エンタープライズ部門「ソーシャル・イノベーション」を立ち上げ、事務局長を務めているのです。

英国では、80年代から英国政府や大学との協力関係の下にソーシャル・エンタープライズが発達しており、比較的長い歴史を持っています。米国では、どちらかというと民間の寄付や基金により運営されており、草の根的な色が濃いそうです。また、注目を浴び出したのも90年代に入ってからです。その一因に、インターネット・バブルで急に億万長者となった大勢の起業家が、その富を社会に還元しようとしたことが成長のきっかけになったと言われています。しかし、ネットバブルがはじけた後も、社会起業家への興味は失われるどころか、ますます大きくなっています。バブル期の資金は、トレンドを後押しする上では重要でしたが、それだけではない要素が米国におけるソーシャル・エンタープライズの盛り上がりを支えていたということです。

それでは、その要素とはなんでしょうか？　シュアー理事によると、主要な要因は、ＮＰＯであってもマネジメントの手法を取り入れて目的を明確にし、効率的な経営を行わなければ持続可能な運営はできないという、ＮＰＯ運営者の意識の変化だと言います。持続性があってこそ、ＮＰＯはやりたいことに集中できるのです。現在、ほとんどのＮＰＯでは予算を寄付に頼っており、寄付が減ることで実質的な運営が滞る場合もあります。一方、運営自体で利益を出していくモデルづくりをすることで、寄付や募金に頼らなくても活動を継続し、さらには余剰利益を新たなプロジェクトに投資することができるのです。体力のある組織づくりをすることで、優れた人材もＮＰＯの世界に入ってくるようになれば、さらなる相乗効果が生まれるでしょう。

3 21世紀型の組織づくりを目指して

◇横のつながりと、政府への働きかけ

雇用数やプログラムの種類を順調に伸ばしているジュマですが、数々の課題も残っています。特に、ホームレスの問題は米国の大都市では大きな社会問題となっており、個々のＮＰＯがホームレス支援を行うだけで解決できる問題ではありません。ジュアー氏は「ホームレス問題は、80年代後半のレーガノミクス時代に、新たな経済政策が導入されたことでつくり出された比較的新しい問題なのです。この解決には、やはりＮＰＯだけではなく、政府とともに政策を一緒に考えていく必要があります」と語ります。ここ数年でホームレス問題を大きく解決したフィラデルフィア市とニューヨーク市では、市政府とコミュニティ・ベースのＮＰＯ組織が政策レベルで協力して問題解決にあたっています。政府は、政策の決定権を持つという点で重要ですが、どのようにコミュニティのリソースを使えばいいかを熟知したＮＰＯの力を必要としています。そこで、市政府がコミュニティ・ベースの組織と協力し、この２つのセクターが共同で作業にあたることが、問題解決の早道に

なりつつあるのです。

ジュマも、根本的なホームレス問題の解決にあたるため、市政府に積極的に働きかけ、協力体制を取っています。現在、ジュマのようなコミュニティに根ざしたＮＰＯが一同に集まり、市政府に対して効果的な政策や規制をつくるためのプランづくりや政策提案を行っているそうです。また、市政府だけではなく、州政府の政策にも影響を与えるため、ロビー団体に近いことを戦略的に行っています。

米国では、歴史的にこうしたＮＰＯ間の提携や協力体制がうまく機能しませんでしたが、ジュマではそれぞれ独自の得意分野を持つ企業やＮＰＯとの提携を行い、問題解決にあたることを重視しているそうです。今後、このような横の連携がますます増えてくるでしょう。

ほかの課題としては、他社への就職や大学進学により、ジュマを〝卒業〟する青少年たちが、現在どこでなにをしているのかを把握することの困難さが挙げられます。彼らがどこでなにをしているかをフォローアップ調査することは、巨額の費用がかかるために行われていません。唯一のつながりと言えば、夏のバーベキュー・パーティーや冬のクリスマス・パーティーに顔を出した青年に、近況報告をしてもらう程度です。そこで、ジュマの卒業者たちに、現役ジュマ・スタッフに自分の経験を語る「メンタリング・プログラム」に参加するよう呼びかける計画を立てています。ジュマを卒業した後もメンター（仕事や諸活動に関して、人間的な成長を支援してくれる助言者）として戻ってくることで、次世代の若者に経験を伝えることができるし、フォローアップ調査もでき、さらにはジュマ卒業者が間違った道にいかないようにアドバイスすることもできるという、一石三鳥のプログラムです。新たなプログラムを創出するアイデアの提供者として、ジュマ・エンタープライズ・センターが投資する社会起業家としても、一緒に事業を行う可能性があるでしょう。

さらには、投票権の登録（米国では、有権者は事前に登録しないと選挙に行けない）や選挙に行くように呼びかけたり、公共政策に関してのワークショップを行うなど、社会的意識を高めるためのプログラムを強化する予定だそうです。単にいい仕事にありつけるといった以上に、積極的に人々や社会と関わり、自分の人生を自分でコントロールする力を養っていくための仕組みづくりともいえます。

◇ソーシャル・エンタープライズは企業の未来形である

ジュマの提供している青少年への雇用機会、またライフスタイルの提唱が、財政的な独立とともにうまく機能することが証明されれば、ほかの地域へジュマ・プログラムを拡大することが可能になります。シュアー理事は「ベイエリアは、世界有数の高級住宅地がある一方、所得格差と貧困層がますます拡大しています。サンフランシスコからベイブリッジを隔てたオークランドでも、多くの若者が貧困に苦しんでいます。まず、このような近隣地域にジュマの職業訓練プログラムを拡大し、ベイエリアの青少年に雇用機会を提供することが当面の目標です。これが成功すれば、ほかの地域のＮＰＯと協力して全米中でジュマのプログラムを提供することも可能だと思います」と説明しています。

現在、サンフランシスコ市だけで貧困層が25万人いるということは、ジュマの挑戦は長期間におよぶことを示しています。自らビジネスを経営し、シティバンクやメリルリンチといった企業と提携することで、社会的問題を解決するジュマのようなソーシャル・エンタプライズは、数あるＮＰＯに比べると、まだ少数派です。しかし、企業の社会的責任がクローズアップされ、ＮＰＯマネジメントの効率化が叫ばれる時代、方向性としては単なる利益追求型でもない、利益を度外視したＮＰＯでもない、ジュマのようなハイブリッド型の組織が21世紀の新たな組織形態になる可能性があります。すでに、企業は社会的責任を重視し始めており、ＮＰＯはビジネス的な手法を取り入れたマネジメントを学び、互いに歩み寄っています。企業とＮＰＯの垣根はなくなり、未来の企業の形は、ソーシャル・エンタープライズに近いものになるのでしょうか？　この質問に対して、シュアー理事はこう締めくくりました。「ソーシャル・エンタープライズとして、今、起こっている変化は、長い転換期における、まだ初期段階に過ぎません。企業とＮＰＯのセクターはより統合を強め、あと何十年かかるかわかりませんが、組織はソーシャル・エンタープライズ的な性質へと大きくシフトしていくでしょう」

拡大するソーシャルアクション

ムーブメントの仕掛け人たち

市場社会との両立への動き　3

岡野　民
（Think the Earthプロジェクト）
２００５年9月30日掲載

誰もが気軽に参加できる社会運動、ソーシャルアクションが注目されています。ゴミのポイ捨てを減らすために街を掃除する「green bird」、ヒートアイランド対策のひとつとして打ち水をしようと呼びかける「打ち水大作戦」。夏至と冬至の夜の２時間、電気を消そうと呼びかける「１００万人のキャンドルナイト」。

その目的や手法はさまざまですが、共通するのは、ポジティブなメッセージの発信と、伝え方の上手さ。参加型の楽しさで、多くの人を巻き込んでいく活動の広げ方です。

背景には、広告業界でのキャリアを持つ人たちの活躍があります。彼らがどのようにして活動を始めたのか、そこで考えていること、大切にしていることを聞きました。

1 無関心から関心へ。心のスイッチを入れるゴミ拾い

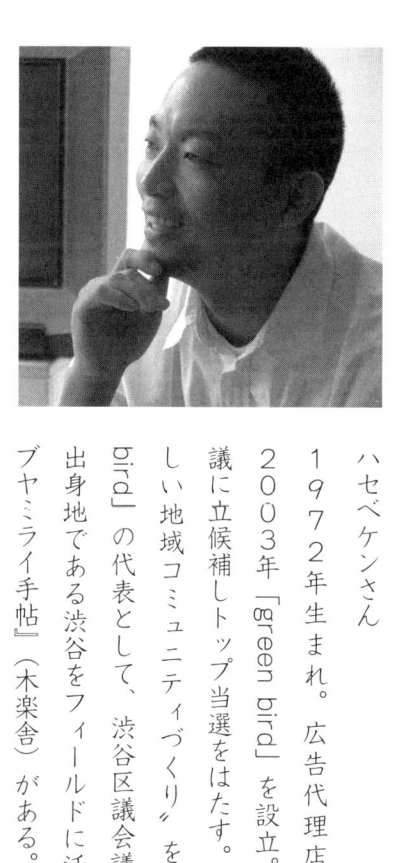

ハセベケンさん

1972年生まれ。広告代理店、博報堂を経て、2003年「green bird」を設立。同年4月に渋谷区議に立候補しトップ当選をはたす。〝街の美化〟と〝新しい地域コミュニティづくり〟をテーマに、「green bird」の代表として、渋谷区議会議員として、自らの出身地である渋谷をフィールドに活躍中。著書に『シブヤミライ手帖』(木楽舎)がある。

◇規則じゃなくてモラル。その空気をつくる

東京都、原宿・表参道を拠点に活動する「green bird」は、いわば街のお掃除隊。週2回、ボランティアとともに表参道往復約2キロメートルの「朝掃除」を行っています。活動の目的はゴミのポイ捨てを減らすこと。

「きっかけは表参道の商店街が行っていたゴミ拾いに参加したことでした。それがけっこう面白くて。自発的にパブリックな場所を掃除するって楽しいし、充実感もある。でも掃除道具をしまうころになると、またゴミが落ちている。これはゴミのポイ捨てをする人が減らないと、いたちごっこだな、問題の根っこ断たないと解決しないな、と思ったんです」

そこで、ハセベさんは広告代理店で鍛えられた課題解決脳をフル回転させながら考えます。どうすればポイ捨てを減らせるか。条例をつくって禁止する↓いや、規則で縛るのは嫌だ。それ以外の解決方法があるはず↓人々のモラルで解決できないか。

ポイ捨てはかっこ悪い、ポイ捨てをしないことがかっこいい、という空気がつくれないか。問題は伝え方だ↓70年代のラブ&ピース運動を広めたニコちゃんマークの構造にあてはめてみよう↓ポイ捨てしない人だけが持てるマークをつくって、お掃除チームのマークにする↓まずはネーミング=グリーンバード↓マークは害虫を拾って歩くアヒルのイメージ。パンチがあって、印象に残りつつ、子どもでも真似して書けるようなイラストにしよう。といった具合に。課題の解き方がわかれば、後はホームページやフライヤーとなるハガキ、街頭ビジョンなどの制作へ。

「僕が持っていたスキルというのは広告をつくることでもあったから、メッセージの大きな傘をつくりながら、掃除をする人を増やすことを考えました。一度街での掃除に参加すると、２度とポイ捨てしなくなる。原宿・表参道は情報の発信拠点だからここで流行ったら日本中に広がるとも思って」

２００３年に原宿・表参道でスタートした活動は、じわじわと注目を集め、ハセベさん自ら先頭に立って掃除を続けることで地道な広がりを見せていきます。その後、数年で全国に仲間が生まれ、２００８年現在、長崎や福岡を含め10のチームが結成されています。

◇２割２割６割。キーワードは、できるかぎり

「世のなかでボランティアをしたことのある人は2割。そんなことに興味ないって人も２割。残りの６割はチャンスがあったらやってみたいと思っている。関心があるのにチャンスがないと思っているこの６割の人が、どうしたら参加できるようになるか。大切なのはハードルを下げることだと思うんです。ボランティアって高潔なものでなくてはならないというイメージがありますが、そんなことはないし、本来はもっと簡単に始められるものであってほしい。『green bird』は掃除に毎回来ることを強制していないし、２、３回来てゴミのポイ捨てをしなくなれば、それでいい。掃除のルールもなく、お喋りしながら楽しんでやってほしい。朝の合コンみたいになったらいいなと思っているくらいです。

ボランティアの基本は、できるかぎり。できるかぎりを超えると苦しくなって続かない。ポジティブなゆるい空気をつくることを、ポジティブに考えています」

掃除ボランティアへの参加は、「無関心を関心へと変えるスイッチになる」ともハセベさんは言います。

「街の掃除をすると、ポイ捨てのことだけじゃなくて、街の環境のことを考えるようになり、そこからさらに、いろんなことに関心を持つようになる。いろんなことをやりだすようになるんです。心のスイッチがカチッと入るような感じ。それがとてもいいな、と思っていて、掃除が自分たちでアクションをする登竜門になったり、環境や社会について考えるきっかけになればいいと思っています」

右：　街で配られるハガキや携帯灰皿は有効な広報ツール
「ゴミをよく拾うひとはすごくイイモノもよく拾う」など、コピーのセンスも抜群。イラストレーターは寄藤文平さん

左：　週２回行われている表参道での朝掃除
「大切なのは続けること」と毎回参加しているハセベさん。ボランティアの人数は日によってまちまちで多い日は30人ほど集まるという緑色のユニフォームは協賛企業のひとつであるナイキが提供してくれている

◇企業、行政、市民。壁を超えて掛け合わせる

「green bird」の代表と渋谷区区議会議員。ふたつの顔を持つハセベさんですが、どちらも根本は同じであり、共通の肩書きをつけるとしたらそれは、「街のプロデューサー」、あるいは「ソーシャルプロデューサー」だとハセベさん。

そして、渋谷区議会議員の活動を通して実感するのは、「企業」、「行政」、「市民」、この３つの間に変な壁がいっぱいあること。特に「企業」と「行政」との間の壁の高さを実感することが多く、だからこそ、「企業」と「行政」とが協力しあって生まれる活動の成功事例をつくり、できることを広げていきたいと考えています。

「企業、行政、市民の壁を超えて、世のなかのいいものを掛け合わせていきたい。いろんな人やいろんなアイディアをうまく掛け合わせると、いいものができる。それができるのがプロデューサーですし、僕は掛け合わせるのが得意で、実行力が長所ですから」

人もペットも楽しい街づくりを目指すＮＰＯ「ジェントルワン」の立ち上げや、渋谷区立シブヤ大学の設立など、その活躍は年々パワーアップしている。

「世のなかはいい方向に進んでいる。未来を暗く思っても、いいことはない。情報発信をしながら、それぞれの活動を続けていくことが大切だと思っています」

2 社会実験を社会運動に。「打ち水大作戦」の挑戦

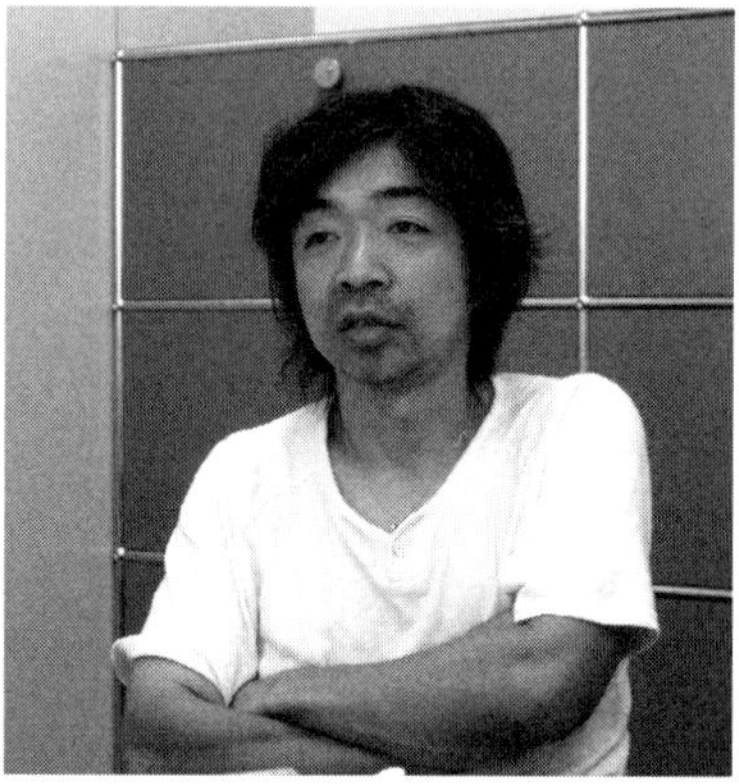

池田正昭さん

１９６１年生まれ。広告代理店の博報堂にてコピーライターとして活躍した後、同社が発行する雑誌『広告』の編集長に就任。同時期に、地域通貨「アースデイマネー」や、国産間伐材割箸の普及を図る「アドバシ」、「春の小川」再生などの活動を開始。２００２年に「アースデイマネー・アソシエーション（ｅｄｍａ）」を設立。その後５つのＮＰＯを立ち上げる。打ち水大作戦本部・作戦隊長、more trees 理事。

◇メディアを巻き込んでの期待感の演出

日時を決めて、みんなでいっせいに〝打ち水〟をする。そのことで、真夏の東京の温度を下げる。使う水はお風呂の残り湯や雨水、下水道の再生水。ヒートアイランド現象を緩和させる壮大な社会実験として２００３年に始まった「打ち水大作戦」のきっかけは、国

土交通省の研究機関である土木研究所が試算したひとつのシミュレーションでした。

『東京都内で散水可能とされる２８０平方キロメートルに、１平方メートルあたり１リットルの水をまけば、気温を2度下げることができる』

これを実証実験できたら面白い。ＮＰＯ活動を通して以前から交流のあった第3回世界水フォーラム（当時）の尾田栄章氏と国土交通省（当時）の岡山和生氏にそう持ちかけられた池田さんは「この社会実験を運動としてやってみよう」と思い立ちます。

その日から最初の実験決行日まで、わずか2か月あまり。広報ツールは主にウェブサイトとポスター、名刺サイズのフライヤー、街頭ビジョンでの30秒ＣＭ。２００３年は江戸開府４００年の年でもあり、「つながれるものはなんでもつながってもらおう」という発想で「江戸の知恵に学ぶ」というコンセプトを前面に出し、多方面に参加を呼びかけました。結果、当日の参加者は約34万人。驚くほどの盛り上がりを見せ、都内4か所に設けられた会場では実際に温度が1～2度低減。「準備の時間もなく、最初はどうなるかわからなかった」という池田さんですが、初年度のこの成功には、毎日新聞の協力を得て実現した当日の朝刊の全面広告をはじめ、メディアの巻き込み方の上手さが大きな鍵となりました。打ち水という着目の面白さに、アクションをともにする楽しさ、「大作戦」のネーミングが持つエンターテインメント性。新聞、テレビ、ラジオ各社、約40媒体がこの試みを報道し、一気に認知度が広がっていきます。

◇キャンペーンではなく、ムーブメントを

１年目の成功を受け「打ち水大作戦」は年々その規模を拡大。３年目となった２００５年は東京でおよそ１３４万人が参加しました。福岡、長野、鹿児島などの地方都市をはじめ、なんと、フランスのパリでも実施。誰の目から見ても大成功、なのですが、実は「諸手を挙げての万々歳とは思っていない」と池田さんは言います。

「ここまでイベント化するとは正直思っていなかったんですよね。盛り上がることは大事だし、楽しい夏祭りではあるのだけれど、打ち水は用意された会場に行かなくてもできる。むしろ個人が自発的に行い、同じ時間にどこかで誰かもやっている、というシンクロする心地よさを味わえればいい、というのが本意なんです。大切なのは〝打ち水心〟。その心が波紋のように広がって行くこと。計画通りに進む個別のイベントが線になってつながっていくことはない。イベントはキャンペーンに近いんです。キャンペーンとムーブメントは違う。打ち水はキャンペーンではなく、社会に浸透するムーブメントをつくろうとしているんです」

ムーブメントは、携わる人たちがみな当事者となって自らアクションを起こし、そのアクションありきでコミュニケーションが広がっていくもの。偶発的に、なにがどう転んで

いくのかわからないところがムーブメントの面白さであり、未知数の可能性がそこにあるのだとも言います。現場がイベント請負業者のようになってしまうと、大切なことが拡散する。政治的な意図に巻き込まれたり、欲望と同じベクトルに向いたりしてしまっては、本質的なことが失われてしまう。

「僕らは個々人の欲望を超えたなにかを引き出そうとしているともいえるし、欲望の流れそのものを変えていこうとしている。これまでのマーケティング的な、欲望を喚起する流れとは違うものを、環境というフィールドで見出そうとしているはずなんです。欲望の有

右：　福岡での打ち水スナップ。地元銘菓がスポンサーとなりオリジナルの団扇がつくられたり、打ち水ノートが子どもたちへ配られるなど、地域ごとの活動が広がっている

左：　都内各地で行われた2005年の打ち水。銀座では金春湯（銭湯）の残り湯を使っての打ち水が行われた。「打ち水若人隊」と呼ばれる学生ボランティアたちが、運動を盛り上げる大きな力になっている

り様をビビットに意識していないと、ムーブメントは単発のキャンペーンになって終わってしまう」

◇水から森へ。必然から広がる持続可能な社会への試み

池田さんの心配ごとの一方で、全国各地に広がった「打ち水大作戦」は、まさにムーブメントらしい偶発的な新たな試みを着実に生み出しています。中山道のまち木曽福島。「打ち水大作戦」に参加した地元の人たちとともに、木曽檜の間伐材で打ち水に使う桶をつくり始めたのです。

「僕たちは最初、１００円ショップで売られている桶を間に合わせで買っていたんです。中国で大量生産されたであろう桶。それをなんとかしたいと思って生まれたアイディアでした。完成したら、木曽福島の町おこしにもなった。木桶をつくる技術は年々失われてきているのですが、それを取り戻すことにもつながるし、林業の振興にもなる。全国の木材屋さんにも声をかけてみようということになり、次は九州で杉の間伐材を使った桶が誕生した。自分たちの地域の森の木でつくった桶を打ち水に使う、という構想です」

京都議定書で決められた日本の温室効果ガス削減目標は６％。政府の計画によると、そ

のうち３・９％を森が吸収しなければなりません。「打ち水大作戦から生まれるマインドとネットワークが、持続可能な、多様なチャレンジを繰り広げる土台になってほしい」と池田さん。「打ち水心」から今後どんな試みが生まれるのか、楽しみでなりません。

3 アクションを誘発するデザイン

福井崇人さん
１９６７年生まれ。アートディレクターからソーシャル・クリエーターとして活躍中。99年から始めた教育現場でのビジュアルコミュニケーション活動をきっかけに、市民活動、環境、社会運動のプロデュースに携わる。２００５年に非営利団体２０２５ＰＲＯＪＥＣＴを発起。宮崎あおい、将兄妹のチャリティーブック『たりないピース』（小学館）『たりないピース２』（小学館）、阪神タイガース岡田監督の野生トラ保護運動「Tigers Save Tigers! 5000」とフェアトレード「トラカムバック」、川嶋あいとクリック募金コラボレーションなどをプロデュース。

◇伝えることに参加する、という参加型広告の仕掛け

２００３年から始まった「１００万人のキャンドルナイト」やグリーンピース・ジャパンの「くじら会議プロジェクト」など、ＮＰＯ／ＮＧＯが主催するプロジェクトのアート・ディレクションを数多く手がけている福井さん。そのなかのひとつ、ワールド・ビジョン・ジャパンの難民支援プロジェクト「ファミン」では、単に寄付や支援を呼びかけるだけではない、参加型の広告が注目を集めました。

２００２年から３年間行われた「ファミン」は、衣料不足が深刻なタンザニアとケニアの国連難民キャンプに古着を送り届けよう、というプロジェクト。古着の提供を呼びかける初年度のポスターは、Ｔシャツの枠のなかに「あなたが１枚貼ってくれたら立体ポスターのできあがり」と書かれたものでした。つまり、ポスターだけでは未完成、ポスターを見た人が自分のＴシャツをそこに貼る、というアクションを起こして初めて完成するもの。服が貼られ（提供され）、完成したポスターを係の人が回収するという仕組みでした。

「初年度は予算がなく、色も１色。主催者の知り合いのところにしか貼ることができなかった。それでは一般の人たちにメッセージを届けることができない。だから表現に特化し、より多くの人の話題になることを考えた」と福井さん。

ちなみに、初年度はポスター制作の実費のみでギャランティなしのボランティア。その

代わりに、というわけではないけれど、事務局から旅費を半分ほど出してもらい、集まった古着約10万着とともに難民キャンプを訪問。自らの目で見た難民たちの暮らし、高度1800メートルのタンザニアの夜は寒く、風邪をひきマラリアにかかって死んでしまう子どもが多いということ。服さえあれば命が助かることがある、という現実への実感が、その後の製作のモチベーションを高めることになりました。

◇テーマは明解に、伝え方はシンプルに

「ファミン」のプロモーション活動2年目は、ポスター自体が応募用紙。興味を持った人が切り取って持ち帰り、そのまま使える、という仕組みを考えました。その〝応募用紙ポスター〟に加え、「タンザニアの難民キャンプにきれいな古着を送ろう」という共通のコピーをTシャツやセーター、ジーンズやス

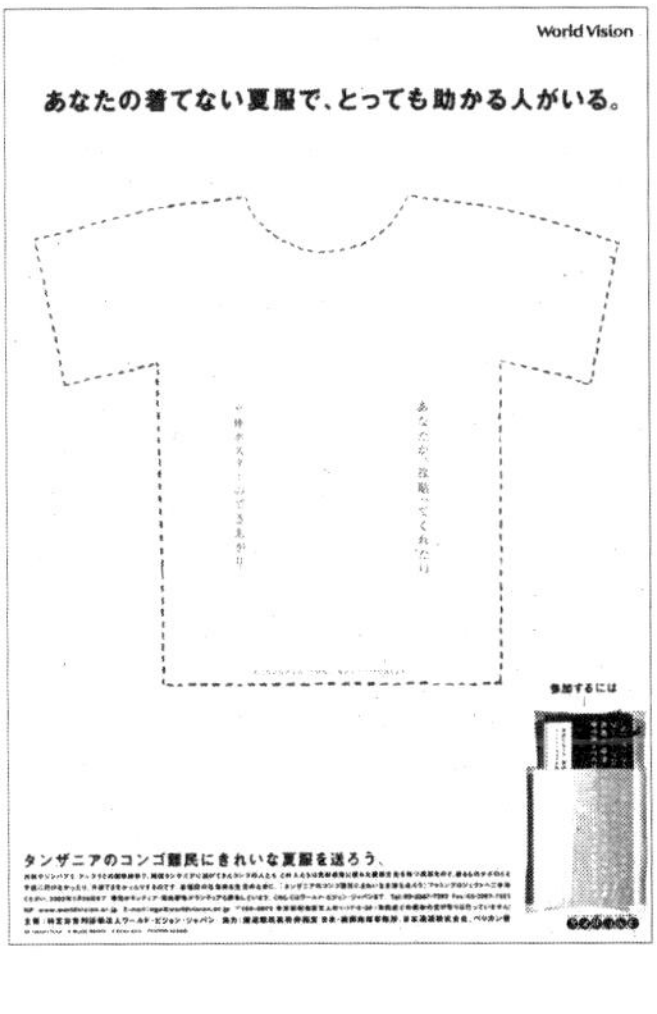

2002年度のポスター
Tシャツを貼るための両面テープが予めポスターについていて、Tシャツを貼る以外の参加方法もわかりやすく説明されている。着古したいらない服、ではなく、着なくなったきれいな古着を送ろう、というのも大切なメッセージ

カートに書いた、〝服のポスター〟も登場。作品をつくったのは福井さんの母校でもある金沢美術工芸大学の学生たち。活動の趣旨や目的をそのまま形にした、このユニークな〝服のポスター〟の張り場所を提供してほしいと全国に呼びかけたところ、新聞がニュースとして取り上げ、提供を申し出る人が数多く現れました。

「予算がないなかで多くの人に伝えるためには、プレスを巻き込まないとダメだというのが初年度からの戦略でもあって、この〝服のポスター〟は、プレスに対する突破力があった」と福井さん。2年目に集まった古着は約40万着。〝服のポスター〟は3年目も続けられ、3年目は約52万着が集まりました。ポスターづくりに参加した学生や、張り場所を提供してくれた人々全員がこのプロジェクトの当事者となり、その輪が草の根的に広がっていったことも結果に大きく関係しています。

一連の「ファミシン」のプロモーションが成功した最も大きな理由は、「テーマが明解で、目的がわかりやすかったこと」。難民キャンプにきれいな古着を送る。その1点をどうデザインに落とし込んでいくかに注力したことにあります。

「テーマさえ明解であればアウトプットは自然に出てくる。どのくらいの数やお金を集める必要があるのか、誰に届けるのか、そのためにはどんなメッセージが必要か。どんなプロジェクトでも、目的をはっきりさせ、メッセージをシンプルにすることが大切です」

◇リアリティとコミュニケーション

福井さんがボランティアで手がけたソーシャルアクションのプロモーションで、とりわけ強く記憶に残っているのが「NO WAR」です。朝日新聞朝刊に載ったグリーンピース・ジャパンの全面広告。掲載されたのは、イラク戦争開戦直前、世界中に反戦の波が広がっていた２００３年３月のことです。お花畑に「NO WAR」という言葉が浮かんでいるような、この〝ぬりえピースプラカード〟を覚えている人も多いのではないでしょうか。数日後に控えていた東京・日比谷公園でのピースパレード参加を「ピースパレードに行ってみない？　これ持って」と呼びかけました。

　まるで楽しい絵本のように、イラストでプラカードのつくり方を説明した

東京日比谷公園で行われたピースパレードの様子
思い思いの色に塗られた“ぬりえピースプラカード”を持った人たちの姿。参加者は５万人を数えた

り、遠足の掲示板のように用意するものを掲載したりと、全体を通して流れるそのピースフルな雰囲気が印象的。思わず色を塗って出かけたくなるデザインは、デモなんて……と戸惑う人々の背中を押し、かつてない規模のピースパレードへとその流れを加速させました。

「NO WARのような運動は、恐怖訴求ではなく、楽しんで参加してもらえるようなハッピーなメッセージを送らないと失敗する。そこをコントロールするのがビジュアルであり、デザインだと思っています。デザインはコミュニケーション。考えるきっかけを提供するもの。伝え手も受け手も同じ目線になり、リアリティを持ってもらえるようなアウトプットの仕方が重要だと思っています」

4 ソーシャルアクションの種は足下に

ソーシャルプロデューサー、環境プランナー、そして、アートディレクター。取材した3名の肩書きはまちまちですが、彼らはみな、〝伝える〟ためのスキルを活かし、自ら手や足を動かして行動することで、社会を変えようとしています。

社会を変える、なんて言うと大げさに聞こえるかもしれません。けれど、そのきっかけは、素朴な疑問であったり、ちょっとした違和感だったりします。あるいはもっともっと単純でポジティブな好奇心だったりもします。誰かを応援したいと思う気持ちや、そうであったらいいのに、というシンプルな願い。まず行動し、走りながら考え、目の前のドアを開け続ける。そして、自らの行動で得た実感こそが、人々を巻き込み、うねりとなって広がるソーシャルアクションの原動力になるのです。

あなたが今、抱えている社会に対する素朴な疑問や違和感はなんですか？ 興味のあることはなんですか？ ソーシャルアクションの始まりは、すぐ足下にあります。そして、その運動を広げる鍵は、走り続ける彼らの言葉のなかにあります。

写真提供：green bird、打ち水大作戦本部、福井崇人

エネルギーは足元にある

地中熱という膨大な資源を活用せよ

市場社会との両立への動き **4**

加藤 久人
（バショウ・ハウス）

２００６年１月31日掲載

温泉はいつ行ってもいいものですが、冬の最中、寒冷地にある温泉に行くのは格別です。チェックインして、仲居さんにお茶を煎れてもらいながらも、心は温泉の温かさに焦がれています。夕食や、翌日の朝食の説明を聞くのももどかしく、浴衣に着替えて浴場に急行。温泉の愉悦にひたるわけです。部屋のなかの暖かさも、この時期にはぜいたくなもの。雪景色を眺めながら、閉ざされた空間のなかのぬくもりにくつろぎという言葉の本当の意味を見いだしたりします。この場合の暖房は床暖房に限ります。しかし、その暖かさと引き替えに、見えないところで大量の化石燃料が使用され、大量のCO_2を排出しているとしたら……。そのぬくもりも、くつろぎも、水を差されたような気分になります。

軽井沢高原教会で有名な軽井沢星野地区にある新趣の温泉旅館「星のや 軽井沢」のすべての客室も床暖房で暖められますが、ここでは軽油などの化石エネルギーは一切使われていません。なにも燃やさずに快適な暖房を供給する。それを可能にしているのが地中熱を利用したＧｅｏ ＨＰ（Geothermal Heat Pumps）という技術です。地中熱は、地熱とは違います。地熱は、１０００メートル単位の深さから高温の熱を取りだして発電するなどしてエネルギーに変換しますが、地中熱ではせいぜい15度から30度程度。そんな微妙な温度の熱を利用する技術がＧｅｏ ＨＰという技術です。その仕組みに関しては、のちほどゆっくり解説しますが、まずは星野リゾートとエコロジカルな温泉旅館「星のや」のことを紹介しましょう。

1 環境先進企業・星野リゾート

星野リゾートは、長野県星野エリアを中心に、北海道トマム、福島県アルツ磐梯、山梨県小淵沢などにリゾートホテルを営業するほか、最近では日本旅館の白銀屋の運営、再建に取り組むなど躍進著しいリゾート企業です。リゾートは自然を破壊する、という通念をくつがえし、自然と共生する新しいタイプのリゾート経営を目指している点でも注目を集めています。環境対策を「リゾートの競争力」ととらえた同社の環境経営の３つの柱が「ゼロエミッション」「Ｅ－ＭＹ」「エコツーリズム」です。ゼロエミッションに関しては、徹底したゴミ分別（28分別）と、生ゴミの堆肥化などで、２００６年度までに完全なゼロエミッション、つまり一切のゴミを出さないことを目指しています。E—MYは、Energy In My Yard の略で、自分の庭のエネルギーの意味。エネルギーの自給自足を目指すもので、今回のリポートのテーマになっている部分です。最後のエコツーリズムは、旅行者に地域の自然を理解して楽しんでもらうことと、自然を守ることを同時に推し進めるものです。例えば星野地区にあるピッキオは、当初ホテルの一部門として発足しましたが、現在では星野グループ内のエコツーリズムの会社として独立し、エコツアーの開催で収益をあげながら、自然保護活動に力を注いでおり、来訪者が増えれば増えるほど環境が守られるという循環をつくり出そうとしています。

星野リゾートは、こうした活動が認められ03年には第6回グリーン購入大賞環境大臣賞を受賞しています。04年には、星野リゾート内の、ホテルブレストンコートのシェフ発案による食育のプログラムを開催。食育の提唱者ジャック・ピュイゼ教授を招き、地元の子どもたちに食育教育を行うなど、環境ばかりでなく、リゾート企業としてのCSR活動も盛んです。

2 E—MY（Energy In My Yard）

地中熱利用は、E—MY（Energy In My Yard）の考え方から生まれたものです。つまり、自分たちが使うエネルギーは自分たちでつくる。この考え方は、１９０４年の星野リゾート創業のときから実はありました。当時、電気は都会を中心に普及し始めていましたが、地方には行き届かず、地域での自家発電というのは珍しいものではありませんでした。「星のや 軽井沢」の前身である星野旅館にも敷地内の川の流れを利用したマイクロ水力発電設備が３か所あり、２２５キロワットの出力を得ています。そしてそれらの発電機は現在も現役なのです。

かつて、自家発電、なかでも最も手軽な水力発電は珍しいものではありませんでしたが、現在まで生き残っているのは非常に珍しいものです。つまり、水力発電の設備をつくった人々も、電線が敷かれ、電力会社の電気を購入することができるようになって、発電設備を放棄してしまった、あるいはメンテナンスの手を止めてしまったところがほとんどなのです。「星のや 軽井沢」の地中熱利用の設備には電力も使われていますが、そのうちの一部には、この水力発電による電力も使われているのです。

昭和６年に完成させた水力発電所の様子
左から２番目が３代目星野嘉助。自ら発電所の設計から工事までを手がけたといいます

3 リゾート地に排気ガスは要らない

「『星のや 軽井沢』の構想のなかで、自然エネルギー１００％というアイディアを出したのです。自然豊かなリゾート地に建つリゾート施設が、その自然を破壊する排気ガスを出し続けるというのは、許されることではない、という思いから提案したのですが、それが１００％採用されてしまったんですね。いきなり全面採用です。正直、かなりのプレッシャーでした。日本では、ほとんど前例がありませんし、海外でもこれだけの規模のものはありません。わたしが自然エネルギーの中心に据えたのが地中熱利用です。地中熱というと、すぐに地熱と混同されてしまうのですが、地熱が２００度以上の熱を対象にするのに対し、地中熱は10度程度の温度差を利用します。その分、掘削の負担も少なくて済みます。軽井沢の夏は涼しいので、冷房の負荷はほとんどありません。その代わり、暖房の負荷は高い。温熱利用が圧倒的に高いのですが、地中熱を利用したヒート

地中熱利用を提案、推進した中心人物
松沢隆志さん（撮影：広路和夫）

ポンプを使えば比較的高い熱が取れます。冷房は考えずに温熱だけ考えればいいというわけです」と語るのは、「星のや 軽井沢」の地中熱利用システムの発案者であり、全体のシステムを設計、推進した星野リゾートのエネルギー担当、松沢隆志さんです。

「星のや 軽井沢」の地下には、約４００メートルの地中熱井（地中の熱を採り出すための井戸）が３本あります。採りだした温度は約25度程度です。その程度の温度の地中熱をどうやって、暖房に使えるのでしょうか？ ちょっと不思議な気もしますが、その不思議さはヒートポンプの不思議さに直結しています。地中熱利用を可能にしているのは、このヒートポンプの技術なのです。といっても、ヒートポンプ自体は珍しいものではありません。最近テレビのＣＭなどでもよく見かける「エコキュート」もそのひとつ。さらに、一般的なのはエアコンや冷蔵庫です。つまり、冷やしたり暖めたりするメカニズムの多くは、このヒートポンプの技術を利用しているのです。冷蔵庫の中身は冷えますが、裏側は暖かくなっています。エアコンも、室内を冷やすための室外機は熱い空気を外に出します。この事実がヒートポンプの鍵を握っています。

4 ヒートポンプという熱交換システム

リング状になったパイプを想像してみてください。パイプの半分は室外に、残りの半分は室内にあります。そのなかには、冷媒と呼ばれる物質が入っています。物質と呼んだのは、これがパイプのなかで液体になったり気体になったりするからです。パイプのなかに例えば5度の冷媒が入っています。5度の冷媒が、室外の30度の外気にさらされることにより、10度に暖められます。もちろん、短いパイプを素通りしただけではそんなに熱は上がりません。表面積を増やすために、パイプはくねくねと折れ曲がりラジエーター状になっています。たった5度しか上がっていませんが、ヒートポンプには、これでも十分。10度に暖められた冷媒は電気エネルギーにより、コンプレッサーで圧縮され、80度に暖められます。物質は圧縮されるとその温度を上げ、膨張すると温度を下げるという物理学の法則を利用しています。80度に暖められた冷媒は、パイプの室内の部分を通りながら、今度は室内で10度程度の水を60度まで上昇させます。50度まで温度を下げた冷媒は、膨張弁を通して気圧が下げられ、5度になり、再度室外に出て行きます。この循環を繰り返すことで、30度の外気で、10度のお湯を60度まで温めることができるわけです。お風呂に入るためには十分な温度。これが、ヒートポンプを使った給湯システムの概略です。

ヒートポンプは外気温という自然エネルギーを利用しているので、電気だけで水を温めた場合の4分の1~3分の1の電力しか必要としません。地球温暖化防止に貢献する、といわれる所以です。

5 地中熱を使ったヒートポンプシステム

いわゆるエアコンの暖房は、例えば０度の外気温を使って部屋を暖めているのです。そのためには、コンプレッサーヒートポンプがフル稼働しなくてはなりません。だから、エアコンの暖房は電気代がかかります。外気温がもっと高ければ、ヒートポンプの負担は軽減されます。地中熱利用のヒートポンプは、このラジエーターが地下にあると考えればいいでしょう。つまり、水をパイプのなかに循環させて地中の熱によって暖めているのです。このように、効率的に熱交換ができるのが地中熱利用ヒートポンプの技術なのです。

「星のや 軽井沢」では、深さ４００メートルの地中熱井のなかに水を循環させることにより地中の熱を取りだしています。このとき、地下からは熱以外はなにも、水もお湯も汲み出していないのも環境面では特筆されるべきでしょう。ヒートポンプを動かすためには電気エネルギーが必要です。この電気の一部は水力発電によってまかなわれています。結果、「星のや 軽井沢」では化石エネルギーを一切使わずに、床暖房などをまかなうことができたのです。オープン前には、消費エネルギー15%を水力発電で、60%を地熱エネルギーで、あわせて75%のエネルギーを自給する予定でしたが、昨年12月までの実績では約73%程度を達成しています。ほぼ計算通りのパフォーマンスです。

「温泉の熱も使っています。うちの温泉はかけ流しですから、40度程度のお湯をそのまま捨ててしまいます。そのお湯から熱を吸い取って、浄化した上で環境に放す。地中熱利用の3分の1は温泉の排水です。ただし、温泉がなければ地中熱システムがつくれないわけではありません。地中熱は、日本中どこでも採り出せますから。ただ、これだけ大規模に自然エネルギーで動いている施設はほかにはないと思います。国内はもちろん、海外を含めても、ずば抜けて大きい。これまでの施設の一番大きなものと比較して5倍から10倍はあると思います。ただ、海外での歴史は古くて20年以上も前から実用化されている技術です。意外ですが、テキサスのブッシュ大統領の邸宅やオクラホマの州議会議事堂にも利用されているんです」(松沢さん)。

6 冷房で生じる熱も無駄なく利用

「星のや 軽井沢」の客室にはエアコンが設置されていますが、大きな目的は除湿で(夏の軽井沢は霧で有名な釧路よりも霧の発生が多いのです)、冷房の用途に使用されることは少ないといいます。軽井沢はもともと、避暑地なので夏の冷房の需要は少ないのですが、それでも真夏には少しだけ暑くなるときがあります。でも、避暑地で冷房の風を浴びたくはないもの。そのため、「星のや 軽井沢」では、古くから長野県などに伝わる天井近くに通風口を設ける伝統工法「こしやね」（「星のや 軽井沢」では「風楼」（ふうろう）と呼んでいます）をつくり、外気を取り入れています。しかし、フロントやレストランなどの設備では冷房も必要になります。その冷房によって発生した熱も「星のや 軽井沢」では利用しています。

「熱エネルギーを移動させるヒートポンプを上手に利用すれば、エアコンの室外機から排出される温風も冷風も活用できます。『星のや 軽井沢』では冷房をすると同時に給湯もできます。もちろんその逆も可能で、給湯をすれば冷水もつくることができる。冷却と加熱のエネルギー需要がバランスしていると、ヒートポンプは非常に高い効率で運転することができます。省エネと省コストが実現できるわけです。問題は、冷却と加熱の需要が時間的にバランスしないことなんです。例えば冷房は日中に必要ですが、給湯が必要とされるのは夕方以降です。この問題を解決するために、蓄熱システムもつくりま

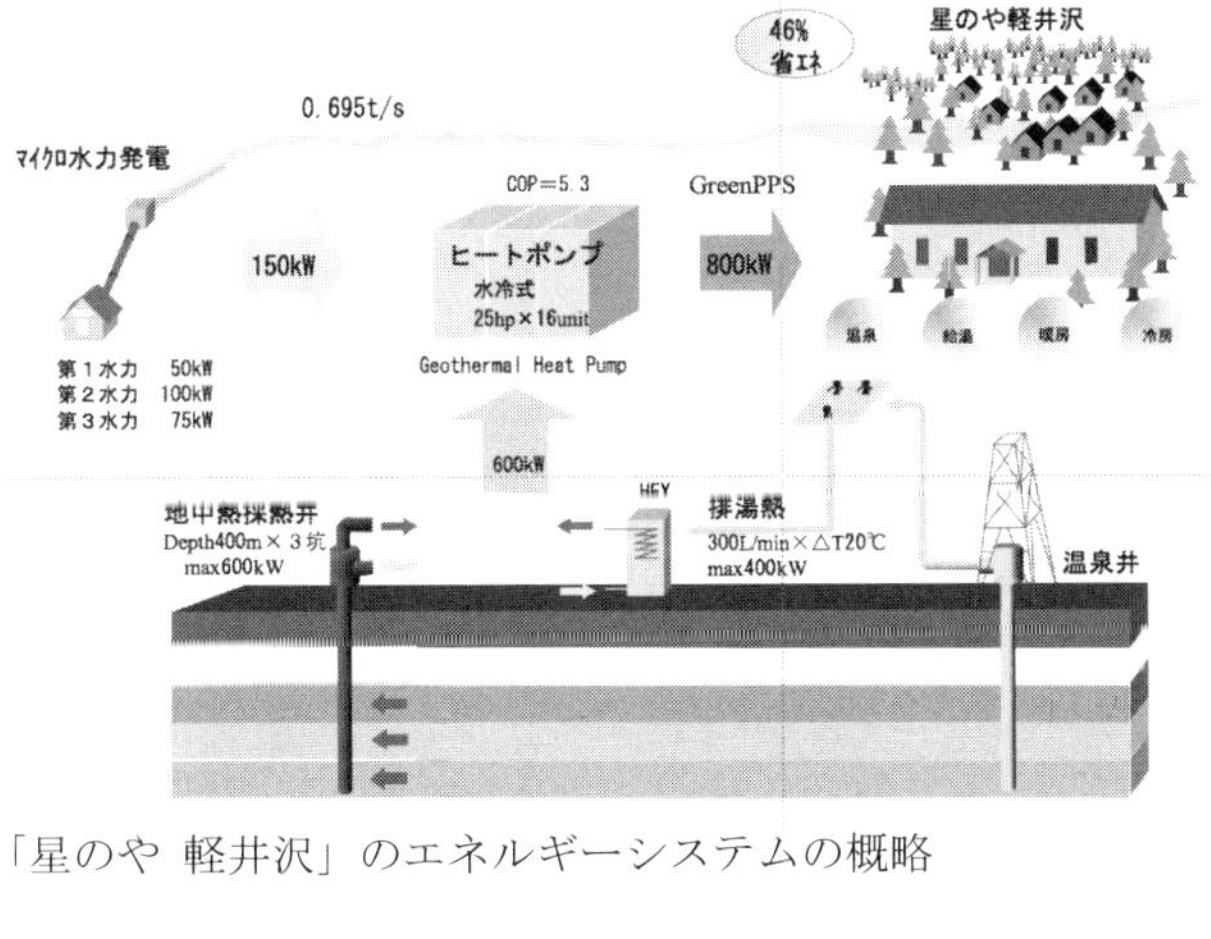

「星のや 軽井沢」のエネルギーシステムの概略

した。氷蓄熱槽と貯湯槽を設けて翌日の冷房のための氷を夜間のうちにつくり、同時に翌日の給湯を貯湯槽に蓄えるわけです」（松沢さん）。

家庭用のエアコンでも本来ならば、夏の冷房時に室外機から出る温風を活用してお湯をつくることもできるわけですが、実際にはこうした蓄熱システムが実用化していないため、そのまま空気中に放出しています。

7 地球がくれたぬくもりに包まれて

「星のや　軽井沢」のコンセプトは、もうひとつの日本。欧化一辺倒の近代化ではなく、もっと日本独自のものを活かしながら近代化していたとしたら、という「もしも」の国です。敷地内を流れる川をはさみながら、集落が形成され、その離れのひとつひとつが客室になっています。和風の意匠のなかに、近代建築のノウハウを凝らした離れのなかには、モダンデザインのなかに和を取り入れた

床暖房が主体の客室暖房
床暖房は輻射熱によって身体や壁・天井を暖め、いたずらに室温を高めることがない
低温温水による暖房は部屋の快適性と省エネを同時に達成する

斬新ながら落ち着けるインテリアが。客室には、オーディオセットはありますが、テレビはありません。24時間ルームサービスが可能ですから、お気に入りの音楽を聴きながら、雪景色のなかのぬくぬくを思う存分に味わえる仕組みです。そして、そのぬくぬくの正体が地球からの贈り物だとしたら。そんな幸せはありません。

「星野リゾートでは、エコロジーを積極的に推進していますが、宿泊される多くの方は、知らないかもしれません。ただ、たまたま宿泊されたお客様が、室内の快適さを感じていただいて、それが自然エネルギーでまかなわれていると知って、そのことが理由で『星のや　軽井沢』や星野リゾートのファンになっていただければ、うれしいですね」と語る松沢さん。

日本人は、ひとたび噴火すれば怖ろしい被害をもたらす火山の脅威と折り合いをつけながら、その副産物である温泉を巧みに利用し、愛してきました。地中熱エネルギーの利用は、必ずしも温泉を必要とはしていませんが、温泉があればより効率的な活用ができます。自然を飼い慣らすのではなく、自然と折り合いをつけながら生きる知恵。古代から脈々と受け継がれてきた知恵を、新しい技術を使いながら活かしていくことを学ぶことができるのではないでしょうか。

写真・資料提供：株式会社星野リゾート

圧縮杉で環境と経済を両立

飛騨産業の挑戦

市場社会との両立への動き **5**

杉本あり（取材・文）
（執筆家／翻訳家）
上田壮一（取材・写真）
（Think the Earthプロジェクト）
2006年12月15日掲載

日本の森林の13％を占める杉の木。その多くは戦後植林されたものです。大きく育ったものの活用の場が見出せず、杉林は放置されているのが実情。春に大量に吹き出される花粉によって多くの人が苦しむ今、厄介者の感さえ否めません。しかし、この杉は有効な資源であると、あらためて私たちに気づかせてくれた家具メーカーがあります。杉の山に囲まれた飛騨高山の「飛騨産業」。杉の家具についてもっと知りたく、初冬の高山を訪ねました。

1 飛騨高山と飛騨家具

岐阜県北部に位置する飛騨地域。御嶽山、乗鞍岳、奥穂高など標高３０００メートルを超える山々が連なる地域です。この飛騨地域の面積３３３０平方キロメートルのうち、森林部分は３０９７平方キロメートル。林野率は93%にもなります（２０００年当時）。また、その森林全体のうち「杉」の蓄積量は、人工林、天然林を合わせ、８５２万９０００立方メートルにもおよび、それは飛騨地域の森林の20%にもなるということ。この数字からも、この地域が豊かな森に囲まれた土地であること、その森のなかにいかに多くの杉が生育しているかが、わかります。

また飛騨地域は、平城・平安の造都に活躍し日本建築の黄金時代を築いた「飛騨の匠」の伝統を誇る地域です。その木工職人の技を伝承しつつ、木材加工の新技術を率先して取り入れ、誕生したのが「飛騨の家具」です。

原生林のブナを資材として活用できる木工家具に、最初に着目したのが飛騨産業の前身、「中央木工株式会社」でした。創設は大正９年。オーストリアのミヒャエル・トーネットが開発した曲木《まげき》の技術に学び、積極的に曲木家具に取り組みます。昭和10年には日本初の家具対米輸出を開始。輸出

名古屋から高山本線に乗り、高山までの2時間半。車窓からも見事な杉山が見えました。日本全国、至るところにこのような杉山があるのでしょう。杉の学名は「クリプトメリア・ジャポニカ」といい、“隠された日本の財産”を意味するそうです。いまこそ、その価値を見直すべき時かもしれません（写真提供：飛騨産業）

家具メーカーとして着実に実績を伸ばしていきました。中央木工に続いて多くの家具メーカーがこの地に起こり、「飛騨の家具」の名は全国に知られることとなります。現在では、福岡の大川家具、静岡の静岡家具、徳島の徳島家具などと並び、飛騨地方は日本有数の家具の産地として知られます。

2 日本の森と杉の現状

元来、日本の山はブナ、くぬぎ、ナラなどが混生する雑木林でした。第二次世界大戦後、戦禍によって荒廃した森林に、農林省は成長が早くて容易に生育する杉を大量に植林します。１９５７年には国有林生産力増強計画を策定して、建築用材として天然林（広葉樹林）を伐採し、「杉」を中心とした樹種転換を図ります。飛騨の森も例外ではありませんでした。次第に杉が森に占める割合が増えていったのです。

杉は日本人の生活と深い関わりを持っていた日本固有の材です。かつては、住宅、船、桶、大八車など、あらゆる場面で活用されていました。

ところが、高度経済成長に伴い円高が進むと、外国材が大量に輸入され始めます。日本人の生活様式が欧米化していくにつれ、日本家屋は洋風建築に取って代わり、杉が建材として使われることも減少していきました。国産材は価格が低迷し、林業財政は悪化。乱脈な伐採事業を促した結果、森林の育成が後回しとなり山は荒廃していくという、悪循環をたどることになってしまったのです。

このまま森林が放置されると、木が密生し日差しが入らずに森自体がどんどん衰弱してしまいます。今現実に引き起こされている、土石流の発生や河川の荒廃、花粉症の増加、生態系の変化といった環境問題は、森が弱っていることの証拠なのです。

ここにおかしな数字があります。日本の国土の67%は森林。13%は杉林です。これだけ豊かな森林があるにも関わらず、木材の自給率はわずか18%にとどまっています。日本は年間におよそ１兆１４７８億円（９９億１００万ドル／２００３年実績・財務省「貿易統計」より）もの木材を輸入しているのです。カナダやフィンランドの木材自給率が突出して高いのは容易に想像できますが（カナダ３０３％、フィンランド１２６％）、森林の少ないイギリスでさえ、日本を上回る25%の自給率を誇っているのです。資源の活用を図れず他国に頼る日本の姿が浮き彫りになる数字です。

もっと国産の木材を利用すること。それは森を育てることであり、環境を守ることにつながるのです。「あり余る杉を活用しない手はない」と立ち上がったのが、飛騨産業の岡田贊三《さんぞう》社長でした。

3 飛騨産業の取り組み① 杉の圧縮

岡田社長は、中部地区で展開するホームセンター経営者から転身して、２０００年に飛騨産業の経営に携わるようになりました。そのときのことをこう振り返ります。

「これだけ森に囲まれた土地だから、当然地元の材を使って家具をつくっているものだと思っていました。ところが、90%以上を輸入材に頼っていたのです。おまけに節のある部分は不良品として扱われている。たとえ、節のある原板を避けても、加工していく段階で再び節が出てくることがある。その材は燃料にしかならないというのでは、資源の無駄使いであることはもちろん、経営的にも望ましいことではありません。節のある家具というのはどうしてもだめなのか、と社内で問いかけてみたのが始まりでした」

当時「木製家具に節があってならない」というのは家具業界の常識だったようです。節があれば、返品される。現場の社員たちが何度も経験していたことでした。

「しかし、節というのは自然がつくった造形美です。均一じゃないんだから、オンリーワンだという売り方もできるんじゃないか、と説得したのです」

そして開発されたのが、ホワイト・オークでつくられた『森のことば』シリーズでした。大方の予想に反して、このシリーズは発表と同時に、大きな反響を呼びます。

「日本人の自然志向やエコロジーといった意識が高まっていることを確信しました。だったら、杉の良さも理解してもらえるのではないかと。以前から杉の問題には関心を寄せていましたから、ぜひ杉で家具をつくってみたいという思いが強くなったのです」

杉をはじめとする針葉樹は柔らかく、一般的には家具には適さないとされてきました。とりわけ、杉は節の目立つことが特徴です。『森のことば』の成功から、節は問題ではないということが明らかになり、残る問題はその柔らかさをどう克服するかということ。

ちょうどそのころ岡田社長は、偶然「木の圧縮」という技術に出会います。

「ただし、その時点の技術では、

右：　飛騨産業、岡田贊三社長。ホームセンターを経営していたころ、フロンガスを使う商品をすべて撤退させたこともあるというほど、以前から環境問題には関心を寄せてきた方です

左：　「節」を主役にした『森のことば』シリーズ。その名の通り、森の木々が語りかけてくるような家具です。2001 年の発売以来、飛騨産業の主力製品となったそうです。今この家具を目にすると、どうしてそれまで節が敬遠されてきたのか不思議に思えます（写真提供：飛騨産業）

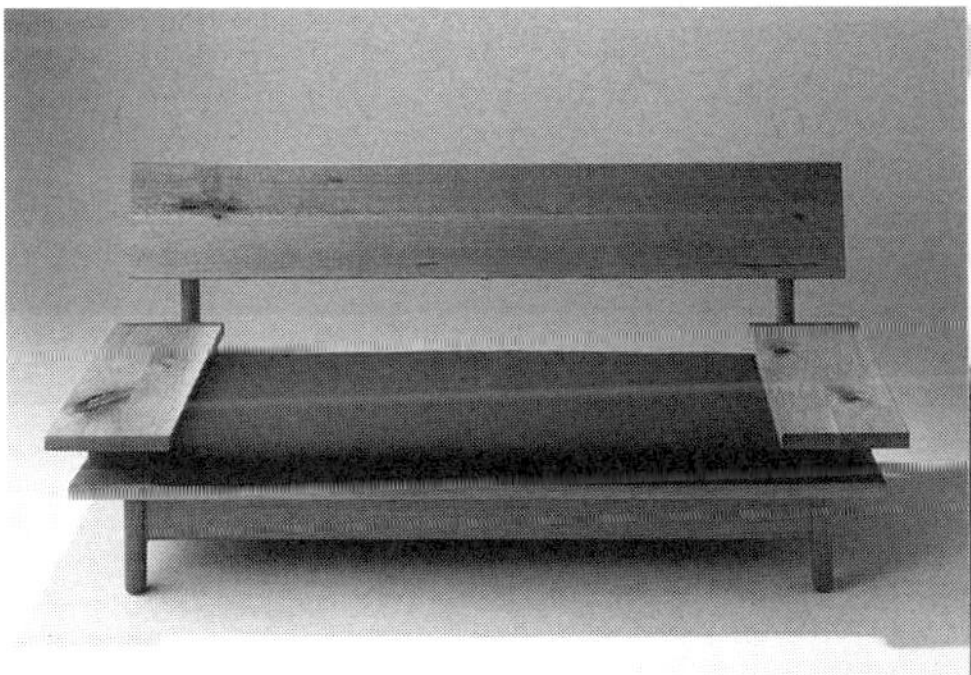

まだ家具には使えそうもなかった。しかし、研究を重ねるうちに、実はこれは当社の曲木の技術の延長線上にあるものだと気づいたのです」

曲木の技術とは、木材を高含水《がんすい》・高温状態（蒸煮《じょうしゃ》）で軟化させて木材組織を柔らかくし、曲げるというもの。つまり、これは内側部分を圧縮して固定していることにほかならないのです。この技術を基に、杉の表面をプレスなどによって圧縮し、細胞組成の空隙《くうげき》を押し縮めると、密度の高い材質に変化します。そのため、材の強度・加工性能を向上させることができるのです。しかも杉材はある一定の温度で加熱圧縮すると、その形状を変形しないように固定記憶することも明らかになりました。これは、曲木に次ぐ量産化するための革新的な技術といえるものでした。

しかし、設備投資の資金を１社だけで調達することは非常に難しい。そこで、飛騨産業を筆頭に、笠原木材、飛騨測器、奥飛騨開発、飛騨高山森林組合の５社が集まり飛騨杉研究

曲げられて出番を待つ家具の部材たち。椅子の背、座面、脚などさまざまな部分に曲木の技術が使われます

開発協同組合を設立しました。顧問には岐阜大学応用生物科学部の棚橋光彦教授が就任し、現在も研究が続けられています。私たちが、飛騨産業を訪ねたちょうどその日、新しい試験機が入ったところでした。この機械を導入することで、圧縮の早さが大幅に縮小され、生産量が飛躍する可能性があるそうです。

「圧縮技術は、杉の可能性を広げました。家具だけではなくて、おもしろい用途がいろいろと考えられる気がします」と、岡田社長は話します。産学協同で研究されているこの技術は、飛騨産業のものだけではありません。くれ葺き屋根に使いたいという依頼に応えたり、小学校に使うための杉を圧縮したり。技術提供はすでに始まっています。

4 飛騨産業の取り組み② エンツォ・マーリとのコラボレート

実は、飛騨杉研究開発協同組合が開発した圧縮技術は、ただ杉の強度を強化しただけではありません。プレス機の押し型により、平面・曲面圧縮以外にも、不均等圧縮、積層圧縮など、多様な形の圧縮加工が行えるのです。このため、それまでに行われていた切削工程を省いた家具生産ができるようになったのです。この技術はコストダウンを実現したばかりではなく、デザインの可能性をぐんと広げました。

杉を家具に使うための研究を着々と進めているころ、岐阜県の産業活性化プロジェクト「オリベ想創塾」が、世界的に活躍するイタリア人デザイナー、エンツォ・マーリを招いて講演会を催しました。これまで１６００点を超える作品を生み出し、29点もの作品がニューヨーク近代美術館にパーマネントコレクションとして収蔵されている人物です。この講演会を聴いた岡田社長は、大いに心を揺さぶられたと話します。

「これだけ実績のあるマーリが、今もって『正しいデザイン』を追求していると言う。デザインとはなにか、まだわからないんだ、と。その真摯な姿勢に感動しました」

講演会ののち「マーリとコラボレートしたい会社は？」と問われ、迷わず手を上げた岡田社長。そのときは「椅子の１脚でもデザインしてもらえれば」という軽い気持ちだったと話します。

エンツォ・マーリの言葉を雑誌などで目にしたことがある人はご存知かもしれません。マーリは、デザイナーであると同時に、思想家であり、哲学者でもあります。フランス革命を賞賛し、不平等を憎む。社会とデザインの関係を常に訴え、デザインを通して私たちにメッセージを送り続けている人物です。

エンツォ・マーリと、話を聞く飛騨産業のデザイナーたち（写真提供：飛騨産業）

彼とのコラボレートは、まず彼の思想を理解することから始まったといってもよいのかもしれません。

「マーリが初めて私たちのショウルームを見にきたとき、なぜこんなに欧米スタイルの家具ばかりつくっているのか、と怒られました。『日本刀は最高の美だし、桂離宮は人類がつくり出した最高の構築物。もっとあなたたちの美を大切にするべきだ』と。そんなふうに彼が日本の美を認めてくれていることがうれしかったですね。だからこそ、マーリに日本の固有資源である杉を使ってデザインしてほしい、と心から願うようになったのです」

しかし、プロジェクトは一筋縄では進みませんでした。木材資源に乏しいイタリアのマーリにとって、「木を使うこと自体が環境破壊」だという先入観があったからです。

「確かに木材が枯渇している現代、これ以上木を切ってはいけない土地もある。例えばロシアのツンドラ地域で針葉樹を切り倒したら、そこには2度と木は生えてこない。南洋材も同じで、一度切ってしまうと砂漠化してしまうことがわかっています。でも日本の杉は違う。切ってもまた生えてくるのです。おまけに杉を使うことが森を守ることにつながる。杉を切ったところは、本来の形、雑木林に戻していくのも良い。杉が使えるようになるまで植えてから50年。50年サイクルの畑と考えればよいのです」

　岡田社長は自らイタリアに渡り、杉の現状を説明しマーリを説得することに成功します。

「やっと彼は『俺が杉プロジェクトの看板になろう』と言ってくれた。使命感を感じてくれたのです。われわれが研究していた圧縮技術に関心を持ってくれたことも、このコラボレートが実現した一因です」

　こうして、『エンツォ・マーリが取り組む１００万の１万倍もの日本の杉』のプロジェクトが始まり、２年近い歳月を費やして、『ＨＩＤＡ』シリーズが誕生しました。杉を全面的に押し出した20数点におよぶアイテム。堂々とした節が、私たちに語りかけてくるような家具です。２００５年、

右：　『HIDA』ブランドのロゴを掲げたショールーム。ロゴもエンツォ・マーリのデザイン、飛騨から太陽が昇るイメージだそう

左：　倉庫を改装して新たにつくられたショールームには、マーリデザインの家具が並びます。日本の生活スタイルにすんなり溶け込む家具ばかりなのは、マーリがそれだけ日本の生活スタイルをイメージしたからなのでしょう

イタリアのミラノ・サローネで発表されると、各国の建築家やデザイナーが賞賛し、大きな話題を呼びました。

岡田社長は、マーリとの出会いを「運命的」と表します。マーリも同様に「飛騨産業との出会いは最高の出会いだった」と、多くの場で語っています。マーリにとって、飛騨産業との出会いとは、森との出会いであり、なにより職人との出会いだったのです。「イタリアにはすでになくなってしまったものづくりの心が、飛騨産業にはまだ残っている」と、マーリは驚きを隠さなかったといいます。技術とデザイン、そして岡田社長とマーリそれぞれの情熱がうまく噛み合ったことに加え、飛騨産業という会社が職人の技を大切にしてきた会社だからこそ、実現したプロジェクトなのだということがわかるエピソードではないでしょうか。

5 環境保全と経済を両立させる

岡田社長の言葉に、心に留めておきたいものがありました。

「経済行為なしには、社会はなかなか変わらない」

社会を良い方向へ変えるために、経済行為はアクセルの役割を果たすということです。

飛騨産業は、長年培ってきた伝統技術から新技術を編み出しました。それだけでも注目に値しますが、世界的に有名なデザイナー、エンツォ・マーリが加わったことで、さらなる話題をさらうことに成功しました。彼がひとつのメーカーから、一度にこれほど多くの作品を発表したことはありません。世界中のメーカーやデザイナーが、驚きの目でこのプロジェクトに注目したのは当然のことかもしれません。

「杉とはこんなに素晴らしい材、こんなに素晴らしい活用の仕方があるんだ、とまずは注目してもら

家具は工業製品ですが、飛騨産業の家具は人の手がつくり出しているものだということが、工場見学をしてよくわかりました。職人さんの技なくしては、誕生しません。彼らのものづくりの姿勢が、常に職人の仕事を尊重してきたマーリの心を動かし『HIDA』のプロジェクトが実現したのです。「職人の顔が見えるメーカーであり続けたい」と言う岡田社長の言葉。工場の見学も可能です

いたかった」という岡田社長。注目が集まる、ということは経済行為が動き始めた証拠です。

圧縮された杉の家具は、触感にはそれほど柔らかさを感じさせません。しかし、見た目はとても柔らかく温かい。その家具を使うことで、環境保全に一役買える。使う人の気持ちまで温かくしてくれそうな家具です。まずは、椅子を1脚。そんなことを思いつつ、高山の地を後にしました。

ゆっくり続くワイナリーを目指して

ココ・ファームの誠実な試み

市場社会との両立への動き **6**

岩井 光子（取材・文）
（編集／ライター）
原田 麻里子（取材・写真）
（Think the Earthプロジェクト）

2007年9月28日掲載

ブドウを育て、ワインをつくることは、地球上どこであっても、自然のなかで人が互いに助け合いながら暮らすことの、ひとつの表現です。ブドウやワインの生産地としては無名だった北関東の足利で、国産のとびきりおいしいワインをつくっている「こころみ学園」と「ココ・ファーム・ワイナリー」に出かけてきました。

1 特別な場所

私がこころみ学園とココ・ファーム・ワイナリーを初めて訪れたのは、8年前。足利市街の大通りを過ぎ、周囲に田んぼや畑が目立ってくると、途中からにょきっと急斜面の山が現れ始めます。はるか頂上までブドウ畑が整備されているのが見え、「あんなところに畑が！」と驚きました。

すばらしい収穫祭を体験してから、ココ・ファームがいっぺんで大好きになりました。ワイン、ブドウ畑、青い空、園生たちの笑顔――。友人にそれらの魅力をひっくるめて伝えようとすると、なかなか難しい。始めからほかとはなにか違う、特別な場所だと感じたのです。

こころみ学園は、社会福祉法人こころみる会に属する成人の知的障害者更生施設で、入所・通所者はここで就労や生活習慣の訓練をし、自立を目指します。一方、ココ・ファーム・ワイナリーは１９８０年に園生の保護者たちが出資して設立した有限会社です。

ビジネスとしては、ココ・ファームが学園にブドウの栽培を委託しているという関係です。ワイン好きの間でも評判の高いワインをどのような体制でつくっているのか、経営方針になにか特別の工夫があるのか、彼らの仕事を間近で見て感じたいと思い、今回足利へ向かったのでした。

2 たくましい心を育てる

急斜面のブドウ畑がある山は、学園の川田昇園長が特殊学級の教員だった１９５８年、生徒たちと一緒に作業学習をするために開墾《かいこん》しました。木を頂上から順に切り倒し、渡良瀬川河川敷の肥沃な土を運び入れ、大変な労力を使ってブドウを植えたのです。

１９６９年、川田さんは特殊教育や福祉の現状に限界を感じていた仲間とこころみ学園を設立しました。川田さんたちは、障害を持った子どもたちと寝食を共にしながら畑仕事・山仕事に精を出しました。学園に来ると、ほかでは手に負えなかった子がいきいきしてきたり、歩けなかった子が一輪車を押したり、シイタケの原木をうまく運べるようになったりしました。両親やそれまでの指導者がびっくりする事態が次々と起こったのです。

ブドウやシイタケづくりは、そう簡単な仕事ではありません。経験も、知恵も、技術も、体力も要ります。その難しい課題に歯を食いしばって繰り返し挑戦し、できたときに感じる大きな喜び。それは既成の教材やプログラムでは、到底およばない体験でした。生活や労働に自信を持つことで、園生たちは見違えるほど変わったのです。

川田さんは自著『山の学園はワイナリー』にこう書いています。

> 人が人間らしく生きるためには、あるていどの過酷な労働は必要だと思います。ど

んなことにたいしても、「まだできる」と頑張り、これでもかと挑戦して汗を流して自分のものを築く。そういうことの大切さがわかったとき、ほんものの人間になれるような気がします。

長くここで生活している園生たちは山や畑を知り尽くしています。地域の人に頼まれて間伐作業をやることもあります。山の持ち主は手入れをしてもらい、園生たちは学園で栽培しているシイタケの原木を安く仕入れることができる。お互い様なのです。

「来たときは赤ん坊の手をしていた子が、卒業していくときは百姓の手になる。それは、手だけでなく、たくましい心ができたことでもある」と川田さんは目を細めます。

2006年まで一緒に作業をしていたという川田園長は今年87歳。「3割か4割やせたねー」と言いますが、川田さんは十分がっしりとした大きな手をしていました

◇こころみ４つのがまん

現在、学園には入所者の定員90人に加えて短期入所者10人、昼間に通ってくる30人ほどの通所者と合わせて約１３０人の園生がいます。職員は常時７、８人いますが、一緒に黙々と働いているので、ちょっと見ただけでは誰が職員で、誰が園生か、区別がつきません。ブドウの世話をする人、日がなカラスを追って缶を棒でたたく人、草を刈る人、シイタケの原木を運ぶ人、食事や洗濯、掃除をする人、風に吹かれる人——。学園では、それぞれができることに精いっぱい取り組んでいて、大きな家族のように支え合っています。

川田園長はいつも「意欲の原型は飢餓《きが》にある」「意欲を持って働くことが人には大切なことなんだ」と言っているそうです。学園事務局長の佐井正治さんが、学園には「こころみ４つのがまん」があると教えてくれました。

「暑い」のがまん
「寒い」のがまん
「眠たい」のがまん
「腹へった」のがまん

仕事から戻って飲んだ冷たい水のおいしさ、疲れて入ったお風呂の温かさ。その感激が充実感となって体にしみこみ、「また明日がんばんべっ！」の活力になるのだそうです。そう言われて我が身を振り返ると、いつもパソコンに向かって仕事をした気になっている自分が、すごく半人前に思えてきたのでした。

3 いよいよ急斜面での収穫です

9月初旬、学園の畑で一番先に収穫するのは、スパークリングワインに欠かせないリースリングリオンです。リースリングと甲州三尺のかけ合わせで、日本で改良されました。畑は山の上方に帯状にあります。収穫日、先に畑に登った園生を後から追いかけました。農道から畑に入ると、思ったよりもすごい急斜面です。所々よつんばいにならないと登れないほどで、もしかしたら傾斜45度くらいはあるかもしれません。息が上がり、汗がにじみ、ようやく園生たちが収穫している場所にたどりつきました。

取材に来た私たちを見つけた園生が、とりたてのリースリングリオンを「ほら、1個食うか？」と差し出してくれました。その1粒のおいしかったこと！　作業中にもかかわらず、園生たちは次々に「こんにちはー」「どっから来た？」と明るく声をかけてくれます。

収穫は、はさみでパチパチと房を切る係と、それを集めて運ぶコンテナ係に分かれて行っていました。黙々と作業をこなしている人が多いのですが、たまに座り込んでいる人、草をいじっている人、鼻歌を歌っている人もいて、どこか和やかです。作業は横に移動しながら行われ、1列終わると下に移ります。コンテナ係は10キログラム近い重い箱を抱えて地下足袋でスタスタ……。慣れたもので、畑の脇に停めたトラックまで上手に運びます。バランスをうまくとらないと歩くだけでもふらつく急斜面ですから、そんな作業ひと

上：　みんな日に焼けて筋張った、たくましい農夫の腕をしています

下：　園生たちが1粒1粒を丹念にチェックし、黒い実、割れた実をはさみやピンセットで丁寧に取り除きます。リースリングリオンは収穫後、香りがどんどん変わるため、収穫した翌日の午前中には仕込んでしまいます

つとってもすごいことです。集められた実は園生たちが１粒１粒を丹念にチェックし、黒い実、割れた実をはさみやピンセットで丁寧に取り除きます。房の重さを量った後、実を数えながら外し、とり終わった房をもう一度量り、データを記録します。粒の数で割れば、粒の大きさの見当がつき、その年の収穫量の予想などが立つそうです。

ヴィンヤードディレクターの曽我貴彦さんによれば、「日本では有名なブドウ品種でないといいワインができないという考え方がまだ根強い」そうです。ココ・ファームではリースリングリオンをはじめ、看板ワインの「第一楽章」に使うマスカット・ベリーＡ、ノートン、タナなど日本ではほとんど無名のブドウが多く栽培されています。知名度よりも日本の気候や土壌に合う品種を試しているのです。

「園生がいなかったらここまで手間ひまかけられませんし、こだわれません」と曽我さん。やはり園生あってのココ・ワインなのです。曽我さんは日本らしい繊細なワインの完成度を高めたいと、夢を語ってくれました。

4　醸造責任者のブルースさんに聞く

ココ・ファーム取締役で醸造責任者のブルース・ガットラヴさんはＵＣデイビス校で醸造学を学んだ後、ナパやソノマの有名なワイナリーでコンサルタントをしていた優秀な技術者です。ブルースさんは来日直後、言葉も、文化や習慣もわからず、つらい時期があったそうです。そんなとき障害を持った園生たちと自分が同じ立場にあることを感じ、心が通じたと言います。「彼らと僕は同じ仲間」と話してくれました。

◇世界に誇るパッション

Q 世界から見てココ・ファームの特徴はなんですか?

「日本で良いブドウをつくるのは簡単ではありませんが、われわれはそれを情熱で補っています。スタッフには新しい伝統をつくる気概があります。ヨーロッパでは1000年以上のワインの歴史があり、完成した感がありますが、良いワインをつく

右：　日本語もとてもお上手なブルース・ガットラヴさん
左：　スタッフは手早く作業しながら、味見もしています

るためにはそのくらい長い時間がかかります。日本は気候・風土も食文化もすべてヨーロッパとはまったく違います。ゼロからブドウの栽培方法を模索し、独自のワインをつくらなければいけません。スタッフはそのことをよく理解していて本当に一生懸命やっています。もちろん園生たちも。みんなどんなに疲れても翌日は朝から仕事に出てくる。どんなに暑くても、寒くても、雨が降ってもがんばっている。ここの特徴はなにかと言われればパッション。世界に誇れると思います」

◇大きくしない冒険

Q　今の経営規模についてはどう思われますか？

「現在の生産量は約16万本。増やすことがあっても20万本くらいまででしょう。ワイナリーの存在目的は学園の皆さんと一緒に働くことだからです。増産すれば効率が優先され、厳しい判断が増えます。われわれはそういうことはやりたくない」

Q　会社としては大きくしない冒険なのでしょうか？

「生産規模を変えずに経営を維持するためには、できるだけ価値のある商品をつくり、無駄をはぶく努力が必要です。ワイン以外のカフェや売店の販売を伸ばすこともひとつの方法だと思っています。モチベーションの持ち方は難しいけれど、目標は『昨日よりもう少し上手に仕事をやり、去年よりおいしいワインをつくること』。十分におもしろいチャレンジです」

◇全国を走り回るブルースさん

Q　足利以外にも畑や契約農家がありますね

「国内には北海道、山形、山梨など14か所に購入した畑や契約農家があります。収穫直前に足を運び、収穫のタイミングを農家と相談します。完熟のブドウを集めるために収量制限（注1）や遅摘みをお願いし、ギリギリまで収穫を待ってもらいます。有機栽培や無農薬の場合、遅摘みは病気のリスクが増えるので農家にとっては大変なお願いです。基本的には畑の面積あたりの収入を保証していますが、私が足を運ぶことは大切だと思っています」。自ら全国各地の畑に足を運び、話し合いを重ねることで農家と信頼関係を築きたいと考えるブルースさん。誠実な方でした。

注1　収量制限　実がなりすぎると各ブドウに入る旨みが減るので、実を青いうちに減らして旨みが多く行き渡るようにすること

5 専務の池上知恵子さんに聞く

お店のレイアウトや商品開発を手がけている学園理事でココ・ファーム専務取締役の池上知恵子さんにお話を伺いました。池上さんは川田園長のお嬢さんで、とてもチャーミングな方でした。

◇3つのS

Q 商品開発はどのようなコンセプトで行っているのですか?

「シンプル、シンメトリー、シックの3つのSを大切に考えています。ひとつはワインの赤が素敵に見えるようにするため。建物だったら鉄やコンクリート、石など素材そのままを活かす。事務所もべ

右： ショップにはココ・ファームの雰囲気に合ったエプロンや木製バッグ、Tシャツなどが並んでいます。ワイン The Last Supper シリーズでは、たくさんのイラストレーターがラベル制作に参加、贈りものに良さそうです
左： 平日でも雨の日でも、いつもにぎわっていたオープンテラス

ニヤ板が貼ってあるだけで、ペンキは塗りません。チープ・シックは私の好きな言葉ですが、お金があまりかけられないということが大きいですね」

◇「はた」を楽にする

Q働くという概念が、ここではいわゆる賃労働とは違いますか？

「ここで働くことは『はた』（周り）を楽にすること。1時間あたりいくらという賃労働とは、ちょっと違いますね。園生の仕事も8時から6時までといった種の労働ではないし、ブドウの酵母も週40時間労働ではありません。

　例えば、雨が続くことは誰のせいにもできません。『困ります』と言えないわけですよ。同じように障害を持ったことも誰のせいにもできません。ここでは、そういうことが全部複雑にからみ合ってひとつのものをつくっています。いいワインに必要なのは、そうした複雑さ、バランス、味わいの長さかもしれません。熟成させることによって、初めて真価を発揮するワインもあります。

　園生たちは数千円のお小遣いを配ると、街でうちのワインを買ってきてしまう。園生にとって働くことは生きること。働かされているという概念ではなく、誇りを持って仕事に取り組んでいます」

◇1本の缶コーヒー

「いい仕事って損得で考えると、なかなかできない。本当に豊かな仕事はある意味、感性で取り組むものなのかもしれません。学園に缶コーヒーがなによりも好きなKちゃんがいて、何度尋ねても、100万円よりも、100本の缶コーヒーよりも、『1本の缶コーヒーが好き』と答えてくれます。私はこのやりとりが大好きでみんなに話しています。

　今の私たちは貯蓄や投資の知識はあっても、『1本の缶コーヒーをおいしく飲む』という大切なことを忘れかけているように思うからです」

◇プロの仕事だから

Q 福祉と経営を両立しているとお考えですか？

「そもそも学園ではワインの製造免許が下りない

カラス番のKさんは雨の日も、雷の日も缶をたたいて、カラスを逃がします。川田さんいわく、「棒を抱いて寝る」のだそうです
どの仕事に携わる園生も、職人の域です

と言われ、それで有限会社をつくったのです。そして、有限会社は農業ができないから、学園にブドウの栽培を委託しているわけです。『おいしいワインをつくってみんなに喜んでもらおう』を目標に、法律や社会制度にその都度合わせてきたら、今の形にたどりついた。だから、『両立』という概念とは少し違うなあと、最近思うのです。

ワインはおかげさまでいろんな方に買っていただいていますが、うちには営業担当がいません。だから、おいしいワインはすごく大事な要素。カフェにも『おいしいワインが飲みたいから』と足を運んでもらいたい。私たちはエコだとか、ワインの世界でいう自然派、あるいはコミュニティ・ビジネスといったカテゴリーにくくられやすい。でも、そう言われるうちは、まだアマチュア。福祉や自然派といったことは後からわかればいい。プロの仕事なら、ブドウひとつひとつにすべてかさをかけたり、徹底的に選別したり、最先端技術を取り入れたりすることは、いちいち取り出すものでなく、全部交じり合っているものですから」

6 おわりに

池上さんに「オスピス・ド・ボーヌ（注2）というフランスのワイナリーを知っていますか？」と聞かれました。ブルースさんもそうですが、池上さんも世界各地のワイナリー

郵　便　は　が　き

料金受取人払

葉山局承認

32

差出有効期間
平成22年6月
30日まで
(切手不要)

240 0112

神奈川県三浦郡葉山町
堀内870−10
清水弘文堂書房葉山編集室
「アサヒ・エコ・ブックス」
編集担当者行

Eメール・アドレス（弊社の今後の出版情報をメールでご希望の方はご記入ください）

ご住所

郵便NO □□□-□□□□　お電話　(　　)

(フリガナ)
芳名

男・女

明・大・昭　年生まれ

年齢

ご職業　1.小学生　2.中学生　3.高校生　4.大学生　5.専門学生　6.会社員　7.役員　8.公務員　9.自営　10.医師　11.教師　12.自由業　13.主婦　14.無職　15.その他(

ご愛読雑誌名

お買い上げ書店名

本書の内容・造本・定価などについて、ご感想をお書きください。

なにによって、本書をお知りになりましたか。

A 新聞・雑誌の広告で(紙・誌名　　　　　　　　　　　　　　　)

B 新聞・雑誌の書評で(紙・誌名　　　　　　　　　　　　　　　)

C 人にすすめられて　D 店頭で　E 弊社からのDMで　F その他

今後「ASAHI　ECO　BOOKS」でどのような企画をお望みですか?

清水弘文堂書房の本の注文を承ります。(このハガキでご注文の場合に限り送料弊社
担。内容・価格などについては本書の巻末広告とインターネットの清水弘文堂書房のホー
ページをご覧ください。　URL　http://shimizukobundo.com/)

冊数

冊数

をよくご存知で、よく研究しています。経営的には生産量を中規模クラスで打ち止めにすることは「大きくしない冒険」なのかもしれません。しかし、１００年、２００年と畑や施設が持続可能であるための方策は、真剣に考え続けているのです。

日本では近年、福祉の制度や法律が目まぐるしく変わっていますが、その書類上のルールが園生にとって本当に幸せなことなのか、常に問い直す作業を怠っていません。

ボーヌのように日本にはまだない公的なワイナリーの運営方法なども参考にしながら、足利の地で障害を持った園生たちが末永く幸せに生きられる試みを誠実に続けているのだと思いました。

注２　オスピス・ド・ボーヌ　１４４３年、ブルゴーニュ公国の財務長官ニコラ・ロランが私財を投じてつくった施療院。富裕層が貧しい人々のために寄進したブドウ畑を多く所有し、今ではブルゴーニュ有数のワイナリーに。理事はボーヌ市長。毎年、ワインはオークションにかけられ、その落札費が建物の管理費や運営費に使われる。

3

循環し永続する場所づくり

地球を森で埋め尽くそう

パーマカルチャーという美しいライフスタイル（ニュージーランド）

循環し永続する場所づくり　**1**

森谷 博
（映像ディレクター）

2002年3月20日掲載

樹木生い茂るジャングル。熱帯の果樹がたわわに実り、野鳥の声が響き渡ります。
しかし、ふと見るとバナナの横にリンゴがなっています。寒冷地の果物がこんなところに。そこはジャングルではなく、人が手をかけた生態系だからです。人は生態系に働きかけながら、その生態系にとけ込んで暮らしていました。彼らは「パーマカルチャリスト」「パーマカルチャーを実践する人」と呼ばれています。日本でも少しずつ知られるようになったパーマカルチャーとは果たしてなんなのか、ニュージーランドの美しい農場の例から紹介します。

1　永続する世界を創造するパーマカルチャー

パーマカルチャー＝Permaculture は、Permanent Agriculture（永続する農法）、Permanent Culture（永続する文化）からの造語。

オーストラリアのビル・モリソンがつくり出した言葉です。彼は１９２８年にタスマニアに生まれ、大地と海とを相手に、漁師や森林労働者などさまざまな仕事をして暮らしていました。しかしやがて彼は、自分を生かしてきてくれた環境が、急速に失われていることに気がついたのです。

１９５０年代のこと。彼はそこで初めて、自分を包み込む生態系の大切さに気づきます。彼はそれ以上の破壊を食い止めるために平和的な抗議を続けますが、ただ反対するだけではなにも生み出さないことに疲れ、もっと建設的な方法を模索しました。そして永続的な農業システムにはじまり、人間も含めた永続可能な環境をつくり上げていくデザイン体系を、パーマカルチャーとして体系づけたのです。

パーマカルチャーの基本になる３つの要素は

＊自然のシステムをよく観察すること
＊伝統的な生活の知恵を学ぶこと
＊現代の技術的知識（適正技術）を融合させること

それによって、自然の生態系よりも生産性の高い「耕された生態系（cultivated ecology）」をつくり出します。

そしてパーマカルチャーは植物や動物だけでなく、建物、水、エネルギー、コミュニティなど、生活すべてをデザインの対象にしています。それぞれの要素が、それぞれの役割を十二分に果たし、互いを搾取したり汚染したりすることなく永続するシステム＝エコロジカルで、経済的にも成り立つシステムをつくり上げるのです。それは自然を豊かにし（多様性、生産性）、人間の生活の質（精神的な充足感）をも豊かにします。

ビル・モリソンはパーマカルチャーの最終的な目標を「地球上を森で埋め尽くすこと」だと言います。実際に森をつくってしまった例をこれから紹介します。

2 ニュージーランドのエデンの園

ニュージーランド・オークランドの郊外にあるレインボー・バレー・ファーム（以下、RVF）は、現在最も理想的なパーマカルチャー農場と言われています。その農場の主人、ジョー・ポラッシャーが自然の営みと一緒になってこつこつと手づくりした「芸術作品」とも言えます。まずはその作品のいくつかをご覧に入れましょう。

◇ルーフトップガーデン（写真上）

屋根一面を植物で覆い、夏涼しく、冬暖かい環境をつくります。家を建てるために整地した面積を緑で覆うことで、環境に対する負荷を少なくしています。

◇キーホールガーデン（写真下）

高畝にし、人の動線を鍵穴（キーホール）状にした菜園。こうすることで作業は効率的に行え、畑のなかに入り込む必要がないので土を踏み固めることがなく、したがって耕す必要もありません。多種類のハーブ、野菜、果樹などを混植、密植しています。それによってお互いが成長を助け合う関係（コンパニオンプランツ）が生まれます。また鳥を呼ぶためのえさ場も用意してあります。彼らの糞も菜園の栄養になります。

◇スパイラルハーブガーデン

キッチンのすぐ目の前にある、螺旋状に高低差を持たせた直径１・５メートルほどの小さなハーブ園。裏に池を配し、低いところには湿り気、日陰を好むものを、高いところには日あたり、乾燥を好むものを植えます。少ない面積に違う環境をつくり上げることで、多種類のハーブを育てられます。

◇パッシブソーラーハウス（写真右下）

素材や設計の工夫で太陽熱を効率よく利用し、快適に生活できるようにした家屋。ひさしの長さを調整し、夏は直射日光が入るのを防ぎ、冬は陽光を取り入れるようになっています。床は素焼きのタイルを使い、夏はひんやりと、冬は蓄熱効果で暖かく過ごせます。ジョーはもちろんこの家を自分でつくりました。

◇フローフォーム（写真左下）

家からの排水はこのフローフォーム（流れる

導管）を通って土に浸透させます。水の流れを8の字にすることで直線の8倍の距離を流すことができます。それにより水が多くの空気を含み、植物が育ちやすい水となります。

◇コンポストトイレ

人間の排泄物を堆肥化するトイレ。この堆肥を土地に戻すことにより栄養分の循環の輪ができます。トイレ自体も美しい。

◇土

ジョーは、健康な土が健康な食べ物そして健康な人間を生み出す（healthy soil, healthy food, healhty people）と言います。これも自然の力を借りてつくり出した芸術品。

この土地は14年前までは荒れ地でした。雑草が生い茂り、土は粘土質で作物がとうてい育たないような土地。その上に、この短期間で多様な植物が育つ土をつくってしまいました。

ここではパーマカルチャーで用いられる、ありとあらゆる手法を実現しています。ただ技術的に優れているだけでなく、そこにいてとても気持ちよく、どこを見ても美しい。しっかりとした観察の結果、すべてを有機的、効率的に配置しているのがわかります。そこには美しい関係性が存在します。

ジョーは、オーストリアに生まれ、ニュージーランドに定住するまで世界100か国以上を放浪しました。そして、パーマカルチャーをつくったビル・モリソンのように、漁師、建築、グラフィックデザイン、有機農業など、さまざまな職業を経験しました。最後にたどり着いたのがパーマカルチャーだったのです。

彼は朝の6時から夜の9時まで働くこともあるといいます。しかし疲れを感じません。それは彼が自分の好きなことを、自分の能力をすべて出し切って、楽しく生活を送っているからなのでしょう。まさにパーマカルチャーの生活です。

レインボー・バレー・ファームのジョー・ポラッシャーさん

彼を見ていると労働という言葉が本当に似つかわしくないと思います。宮沢賢治が『農民芸術概論綱要』で言ったように、

「芸術をもてあの灰色の労働を燃せ、ここにはわれら不断の潔く楽しい創造がある」という世界がまさにそこにありました。彼の生活はまさに芸術、アートなのです。

そしてパーマカルチャーもアートなのだという思いを強くしました。

3 多様性がキーワード

パーマカルチャーはあまりにも広いフィールドを持っているので、どっちつかず、器用貧乏、などと評する人がいます。ビル・モリソンがパーマカルチャーを体系づけたとき、専門家たちは激怒したそうです。農学と林学、林学と畜産学、建築学と生物学などを融合してとらえていたので、専門家としての誇りを傷つけられたのでしょう。

ここに興味深い研究結果を紹介した文章があります。

「……ひとつは人類学で、もうひとつは生物学。それぞれの執筆者はお互いの内容についてまったく知らなかった……人類学者の方は、絶滅した種族について……生物学者の論文の方は、絶滅した生物種について、知られているすべての事例史を研

究していた。つまりこのふたりの科学者は、絶滅の共通原因を追っていた……この研究者たちが発見したそれぞれの原因というのが、実は同じものであることが判明した。どちらも、絶滅は過度の専門分化の結果であると、結論を出していたのだ」

『宇宙船地球号操縦マニュアル』　バックミンスター・フラー著、芹沢高志訳（ちくま学芸文庫）より

「過度に専門分化」すると環境の変化に耐えられず絶滅してしまう。フラーは現代文明社会の持つ危うさを指摘し、もう一度人間が本来持っていた「包括的な能力」を取り戻すことが必要だと言っています。この「包括的な能力」とは、まさにパーマカルチャーの「森羅万象の関係性をデザインする能力」と言ってもいいでしょう。つまりただひとつの専門性、手段に依存して生きるのではなく、自分の能力を最大限に発揮し、多様で重層的な生き方をすること。そしてそれはもちろん人間だけでなく自然の生態系にも当てはまります。

現在、地球規模で温暖化、乾燥化など気候が変動しています。今までその土地で育ってきた植物が育たなくなる、あるいはもっと暖かな地域の植物が育つようになる、そんな事態があたりまえになる可能性もあります。ＲＶＦでは敢えて、その土地の植物だけでなく外部の植物も取り入れ育てています。そうすることで環境が変化しても収穫できる作物を残せるのです。（例：バナナとリンゴを一緒に育てている）

人間も生態系も多様性を持つ。それが永続する世界をつくり上げていく道ではないでしょうか。

4 日本でも始まっています

日本でも、パーマカルチャーを実践する人、パーマカルチャー的生き方をする人が増えてきました。パーマカルチャーはどこでも始められます。都会の片隅でも。日本に合わせたパーマカルチャーをつくっていけばよいのです。

日本には「里山（注1）」という日本型パーマカルチャーのお手本もあります。

まず自分の生活が周りの環境とどうつながっているのかを観察することから始める。自分の生命がなにによって支えられているかを意識する。そして小さな勇気を持って具体的な行動を始めればよいのです。

注1　里山　日本でかつてあたりまえにあった、人と自然が有機的かつ生産的なつながりを持った空間。村落共同体と自然環境（生物、田畑、森や山、水、空気など）が存在し、人間が周りの環境に働きかけ（食料や建築素材の栽培・採取、薪のエネルギー利用、山林の維持管理など）、その生活から生み出される知恵や技術をベースとした永続可能なコミュニティ文化をつくり上げていました。それはまさにパーマカルチャーで言う「耕された生態系」をつくり、人間や生物の多様性を維持するシステムでした。

パーマカルチャーをさらに知りたい方は、左記の本を参考にしてください。パーマカルチャー・センター・ジャパン、安曇野パーマカルチャー塾などでは、パーマカルチャーを学べる講座を開催しています。また、RVFで研修を受けた酒勾徹さんは、自然農園ウレシパモシリにて、パーマカルチャーデザインによる農園づくりを実践しています。

参考文献：
『パーマカルチャー　農的暮らしの永久デザイン』ビル・モリソン（農文協）
『パーマカルチャーしよう！　愉しく心地よい暮らしの作り方』安曇野パーマカルチャー塾編（自然食通信社）

連絡先：
パーマカルチャー・センター・ジャパン http://www.pccj.net/
安曇野パーマカルチャー塾　http://www.ultraman.gr.jp/~perma/
自然農園ウレシパモシリ　http://ureshipa.com/

今後のRVFについての情報は、左記を参照してください。
friends of RVF（RVF友の会）
http://www.rainbowvalleyfarm.co.nz/index_files/Page445.htm
日本窓口のメールアドレス　f-of-rvf@parkcity.ne.jp

＊レインボー・バレー・ファームのジョー・ポラッシャーさんは、２００８年２月14日、急逝されました。謹んでご冥福をお祈りします。

子どもが主役！　湖の多様性をよみがえらせよう

霞ヶ浦・アサザプロジェクト

循環し永続する場所づくり **2**

阿久津 美穂（取材・文）（スローメディアワークス）
上田 壮一（取材・写真）（Think the Earth プロジェクト）

2007年8月4日掲載

茨城県に広がる日本で2番目に大きい湖、霞ヶ浦では1970年代以降汚くなってしまったこの湖を浄化し100年後はトキの戻ってくる大自然にしよう、という取り組みが行われています。その名も「アサザプロジェクト」。

水生植物のアサザを地域ぐるみで再生することから始まった取り組みは瞬く間に湖と流域全体へと広がりました。生物多様性をよみがえらせるプロジェクトの推進役は子どもたちです。今回、小学校のビオトープでの総合学習を取材し、代表の飯島博さんにお話をうかがいました。

アサザプロジェクト代表
飯島博さん

1 湖が教えてくれたこと

霞ヶ浦は、かつては豊富な魚と美しい水辺で知られる湖でしたが、戦後の発展とともに水質汚濁、自然破壊が進み、１９７０年代にはアオコが大量発生するほど汚染されてしまいました。これに対して国や研究機関が何十億円もかけて対策してきましたが、目に見える効果はなく、90年代には行き詰まってしまいました。

中学時代から「将来は環境問題に関わりたい」と考え、行動してきたアサザプロジェクト代表の飯島博さんは、それを見ながら解決策を考えていました。そして、気づいたのが「流域全体を見る目がない」ということ。各地で対策は行われていたのですが、湖を全体として見ている人は誰もいませんでした。同時に、市民が主体的に行う市民型公共事業の必要性を感じました。そこで、飯島さ

アサザの群落（写真提供：アサザプロジェクト）

んは湖の岸辺２５０キロメートルを歩くことに。

「湖全体を見るために、湖の時間を共有したかったんです。地図を片手に小中学生と一日40から50キロメートルを歩きました。一緒に歩いた子どもたちはなにを見ても喜び、いろんなことに気づいてくれました」

　これらの小さな発見＝再生の芽を探す作業を、いつしか「宝探し」と呼ぶようになりました。湖の時間を受け入れ、そのなかに入り込んで対話しないと本当の姿は見えてこないと実感した飯島さん。最終的には湖を4周したそうです。

「そんな調査のなかでアサザに出会いました。霞ヶ浦の沿岸は護岸工事で地形が変わり、波が荒くなったためにヨシ原などが削られ、水草が流れてしまったところが多かったのですが、アサザのあるところだけは違った。アサザ群落のある部分だけ、波が弱くなっていたんです。これを見て、アサザの持つ波を弱める働きを活かせば水辺が再生されるのではないか、とひらめいたんです」

　湖再生の答えは、湖のなかにありました。飯島さんは１９９５年にアサザプロジェクトを発足。自分たちで湖にあるアサザの種を採り、アサザの里親を募って育ててもらい、育った株を霞ヶ浦流域に植え始めました。

2　アサザから始まった１００年計画

アサザはどのように水辺を再生するのでしょうか？　昔から日本の水辺で育っていたアサザは、陸上、水中の両方で育つ植物で、種は岸辺の土のなかで芽吹き、季節の変化とともに起こる水位上昇により水中で生活するようになり、春、夏に水中で花を咲かせます。アサザは特に夏に光合成で新しい葉っぱを次々とつくるのですが、そのためには窒素やリンが必要。そこで、水質汚染の原因となっている窒素やリンをどんどん吸収します。さらに、葉っぱの多くが虫や水鳥に食べられることで窒素やリンが虫や水鳥の体内に運ばれ、糞や死骸として陸に戻り、栄養分となります。こうして水中から窒素が取り除かれるのです。

しかし、本当の目標はアサザで「水質をきれいにすること」ではありません。湖全体で水質をきれいにできるようにするのです。真の価値はアサザ群落をきっかけとして人々が自然のしくみを理解し、湖への働きかけをとおして生態系が豊かになり、生物多様性がよみがえることにあります。アサザプロジェクトの１００年計画によると、アサザを植えつけてから最初の10年に、アサザ、アシなどが定着しカイツブリやオオバンなどの水鳥、ギンヤンマなどのトンボが生息するようになります。20年後には沖に向かって植生帯が広がり、岸辺にはヤナギ林ができ始めます。鳥や昆虫の種類も増え、夏にはカッコウが、冬にはマコモを食べにオオハクチョウがやってきます。そして、30年後には霞ヶ浦全域で植生帯がさらに広がり、雁の仲間である国の天然記念物オオヒシクイが越冬しにくるようになります。最終目標は、50年後にはツルが、１００年後にはトキが来るほど生物多様性のある水辺を上流の水源地から下流の湖までもう一度つくりあげることです。

3「多様性」と「子どもが主役」がキーワード

アサザプロジェクトは生物多様性に学び、お互いの多様性を認め合い、さまざまな立場の人たちとつながることで大きく発展してきました。１９９５年の発足から14年、現在までに関わった人は16万人以上にのぼります。

「もともとアジア、日本では、欧米のように自然と人間を対立するものとしてとらえ、自然を支配、管理するのではなく自然と対話しながら働きかけ、一体化するという考えがありました。だから日本の自然観には『管理』ではなく、『働きかけ』の発想があります」と飯島さんは語ります。その典型が里山。人も自然の一部として間伐などを行い森のなかに定期的に日光を入れたから、タカやフクロウなどの多様な動物や植物が住む森が育ちました。このような「生物多様性を生み出してきた働きかけ」という発想は、自然と調和した社会システムにも活かせると考え、アサザプロジェクトはさまざまな企業、地域、行政に対しても、「生物多様性を生み出す働きかけへの転換」を促す事業の提案を行ってきました。

このとき、意識したのは「否定をしない強さ」。行政、企業、教育関係、どんな立場の人と関わるときも否定ではなく、まず相手の存在を認め合いながらネットワークを広げてきました。また、中心となる存在を持たない生態系から学び、お互いの間を隔てている「壁を、膜に変える」こと、そして既存の考え方を見直して「新しい様式を生み出すこと」も大切にしてきました。これらの考えを実践するためには、近代化のなかで生じた考え方の壁をいったんはずし、別の読み方をする柔軟な姿勢がなにより重要です。元来、こういうことが得意なのが子ども。だから、アサザプロジェクトは子どもが主役なのです。

「子どもと企業、子どもと行政、子どもと研究者という組み合わせはすごく創造的になれる組み合わせです。子どもは口ごもります。口ごもることは伝えられないもどかしさがあること。自分の言葉を見つけ出そうともがいている姿です。口ごもった末に出てきた答えは、環境問題解決への新しい方法になるのです」（飯島さん）

4　授業の様子――子どもが主役でワクワク！

では、子どもたちはどんな活動をしているのでしょうか？　２００７年７月18日、茨城県土浦市の土浦第二小学校の４年生の総合学習の授業にお邪魔しました。アサザプロジェクトの大きな柱のひとつが学校と一緒にプログラムを考え、授業を行うこと。今まで茨城県内１７０の小学校と、秋田県や東京都内の小学校で実施してきました。霞ヶ浦を囲むようにある小学校のビオトープで、子どもたち自身でメダカ、カエルなどのすみかを考え、設計し、いかに多様な生態系ができるかを学んでいます。そして、ビオトープで育てられた水草を霞ヶ浦に供給し、アサザプロジェクトに大きく貢献しています。

今回の授業の舞台はビオトープと理科室。「今日は、みんなに生き物とお話する方法を覚えてもらいます。ここには霞ヶ浦からきた生き物や、そのほかにも、もっと遠くの台湾、沖縄などから海を渡ってくるトンボがいます」という説明の後、子どもたちは5名くらいの班に分かれて網を使って生き物を探しました。

「ビオトープは地球全体とつながっているんです。そういうことを感じ取ってください」という飯島さんの説明に真剣に耳を傾けます。「バッタだ！　素手でつかまえられるよ」「モンシロチョウ、つかまえた！」「ヤゴつかまえたよ」「メダカだ！」「アメンボ発見！」みんな、おおはしゃぎ。虫を素手で触れなくて軍手を使う子はいても、怖くて泣いている

子なんて誰もいません。小さい虫や魚から空飛ぶ虫まで、次々と発見していきます。こうして見つけた生き物は入れ物のなかにいれ、そうっと理科室に運びました。

その後は理科室でスケッチする時間。「みんな、よく見て描こう。絵を描くと、気づくことがたくさんあります。生き物の体のつくりは暮らしやすみかと関係しています。たくさん間違ってもいいんだよ。たくさん間違って気づいた人が、今日一番得する人だからね」の声とともにひとりひとりがスケッチ。10分間のスケッチの後は、黒板を見ながら昆虫の体のつくりについて講義がありました。

ポイントは「暮らしや住処のちがいから、体のつくりのちがいも見えてくる」こと。「小さいビオトープは世界とつながっている。みんな、地図を片手に夏休みにぜひ、自分たちの町で生き物の道を調べてみてください」というまとめで締めくくられました。

最後は質疑応答の時間です。生き生きとした表情の生徒から「2学期も来てくれますか？」との質問も。飯島さんが「みんながビオトープのまわりの生き物の道を調べて、土浦の街を生き物いっぱいにする方法を考えてくれたら、来ます」と答えると「楽しかった！　また来てください」という元気な声がかえってきました。

この授業は住みよい暮らし、環境というテーマの総合学習の一環で、子どもたちの「もっと土浦、特に霞ヶ浦について勉強したい」という声に応えた授業。「こういう体験をしたことがない子が多いと思うので、また来てほしいという想いを持ってくれてよかった」と担当の小澤先生は感想を寄せてくださいました。２学期からは、夏休みに調べた生き物の道を基に、土浦をよりよい環境にする提案をつくり上げる予定だそうです。

5 新しい時代の様式を生み出していきたい

飯島さんによると、こうした授業の後は子どもたちの空間の見方が変わるそうです。水辺も街も違って見るようになり、都心部でも生き物の移動を考え、生き物の道を描けるようになり、さらに都心部と自然豊かな農村部をつなぐ生き物の道の可能性が見られるようになり「都市は生き物がいなくてだめ」ではなく「自分たちでも生き物の道のネットワークを広げていける、あきらめない」と考えるようになるそうです。

こうした学校での総合学習が市長への提案、環境改善につながった事例もあります。茨城県の牛久市立神谷小学校では、小学４年生のときに谷津田のことを詳しく調べ、蘇えらせる方法を考え、再生計画をまとめて牛久市長を呼んで提案しました。それが受け入れられ、谷津田再生プロジェクトを子どもたちが中心となって推進。国交省に提出する書類も市の担当者に協力してもらい自分たちで作成し、地元説明会も行いました。「生物の多様性から学び、多様性を受け入れられる地域を考えた小学６年生たちは、大人たちよりはるかにレベルの高い議論をしてさまざまな問題を解決し、実行に移していた」とのことです。

多様性から学び、実践しているアサザプロジェクトの広がりはここに書ききれないくらい多彩です。ＮＥＣとのコラボレーションで子どもたちが地域の環境情報を集めるプロジェクト、宇宙開発関連の研究機関と連携して衛星からカエルの生息環境や水の循環を見る活動や、外来魚から魚粉をつくり、それを農業に活かし「湖がよろこぶ野菜たち」としてスーパーで売る魚粉事業。アサザなどの植生帯が、植えつけ後に波に持っていかれないための粗朶消波堤をつくるのに必要な粗朶《そだ》（雑木林の手入れで出る木の枝）の調達、水源地の間伐のためにボランティアで行う「一日木こり」などもあります。すべて、さまざま

アサザプロジェクトでは、市民、学校、研究者、地場産業の林業、農業、漁業がつながり、霞ヶ浦をきれいにすると同時にみんなにさまざまな利益がもたらされています（資料提供：アサザプロジェクト）

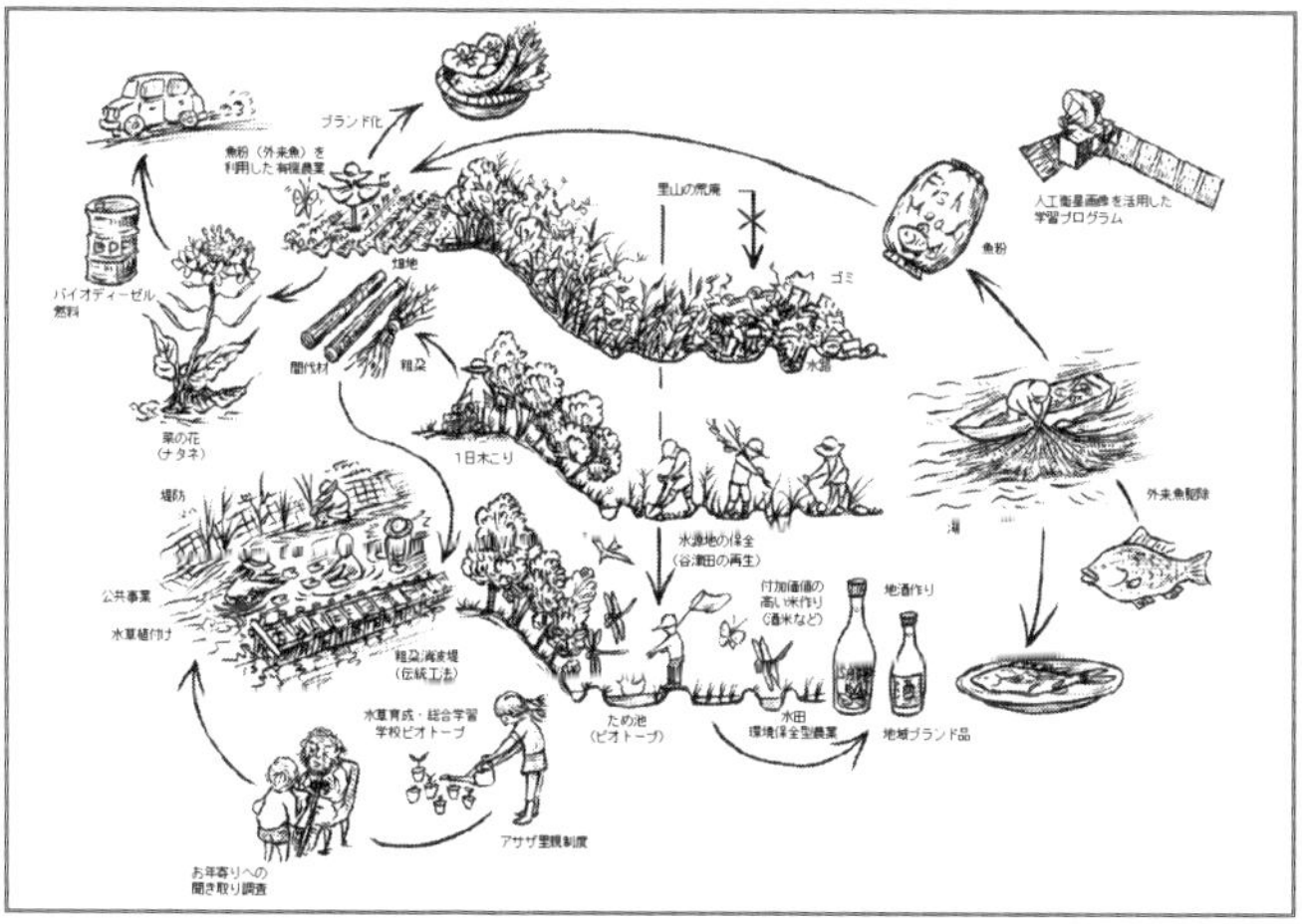

な立場の人と対話し、お互いを認め合うことからスタートしました。最後に、飯島さんはこんな言葉を残してくれました。

「自分の文脈（人格）をおしつけて、後継者をつくっても意味はありません。それよりも、自分をいろんな人々が出会い新しい動きをつくり出す『場』として、その機能を残したいと思っています。これからもさまざまな人たちとつながり、100年後にトキが戻ってくるように、ここ霞ヶ浦でたくさんのモデル事業をつくり、新しい時代の様式を生み出していきたいです。あらゆる分野に働きかけ、地域の人々の暮らしや産業のなかに定着させ、ネットワークを展開し続けることで霞ヶ浦を再生させたいです」

6 未来への希望

かつては自然の一部としてしっかり機能していた日本人。その考え方をもう一度見直し、アサザを通じて生物多様性の一部となるこのアサザプロジェクトは、古くて新しいやり方です。多様性を自分のな

かに受け入れ、否定をしない強さを持った何万人もの子どもたちがプロジェクトで得たものとともに成長し大人になっていけば、きっと霞ヶ浦は、地球は、もっとよくなっていくでしょう。

なによりも未来への希望を感じたのは、子どもたち、飯島さん、アサザプロジェクトのスタッフの笑顔です。「環境ほど創造的で楽しいものはない。僕のモットーは楽しくやること。人間はワクワクしないと本気でやらないでしょう？」といたずらっぽく微笑む飯島さんの言葉どおり、関わる人みんなが、自然ないい笑顔をしていました。多様性を認め合いながら、日々、楽しくワクワク、エコなことをする。やはり、これが環境活動を末永く成功させる秘訣だと、あらためて感じました。

すべてが循環する場所

小川町・霜里農場

循環し永続する場所づくり **3**

佐々木 拓史
（Think the Earthプロジェクト）

２００７年12月４日掲載

埼玉県小川町。有機農業を営む人でこの町の名前を知らない人はいないのではないでしょうか。１９７１年、日本にまだ有機農業という言葉自体がなかったような時代に、金子美登《かねこよしのり》さんは小川町で有機農業を始めました。今年で37年、彼の営む霜里農場は循環型有機農業の手本となり、行政から個人、若者に至るまで大勢の人が見学や研修に訪れるようになったのです。

食の安全が叫ばれ、ますます注目を浴びる、霜里農場と金子さんを訪ねました。

金子美登

１９４８年埼玉県小川町に生まれる。両親の畑を引継ぎ、71年から有機農業を始める。現在は小川町議会議員も勤める。「有機農業の第一人者」「有機農業の草分け」と呼ばれることも。

1 小川町と霜里農場

東京都心から約60キロメートル。埼玉県北部、秩父山脈に囲まれた埼玉県小川町は和紙と酒づくりが古くから有名な町です。町に入ると所々に「手漉き和紙」や「酒造」の看板が見られます。どちらも水を豊富に使う産業なので、昔から清流に恵まれた町だったのでしょう。

小川町の駅から南東に３キロメートルほど離れた、田園風景のなかに霜里農場はあります。西側には小高い山があり、周りは秩父から流れてきた槻川に囲まれています。農場は田んぼと畑を合わせて３ヘクタール（約９０００坪）。個人で営む農場の規模としては大きい方です。年間で栽培する野菜の種類は60から70品目。もちろん、すべてが完全無農薬の有機野菜です。

霜里農場の代表、金子美登さんが両親から農地を引き継ぎ、有機農業を始めたのは１９７１年。それから37年が経った今でも金子さんの心に響くのは「自然は完全に循環していること」だそうです。自然は人間の手を加えることなく、完全な循環システムを保っ

ている。だとしたら農薬や化学肥料を使わなくても、その循環の流れのなかで作物がつくれるはず。

「自然だったら１００年かかる循環のサイクルを、人間の手を加えて10年に短縮してやるんです」

それが有機農業の技なのだと金子さんは言います。

実際に霜里農場に足を踏み入れると、そこは自然を利用した循環システムで溢れていました。自然の循環と、長年の努力と研究によって培われた有機栽培の技術、そこに近代ならではのテクノロジーを融合させた場所、それが金子美登さんの農場でした。

2 循環の仕組み

◇すべては土づくりから

金子さんが、農業で最も大事としているのが、土づくりです。土は生命の源。

「土さえ良いものができれば、あとはおいしい野菜が勝手に育ってくれます」と金子さん。

農場脇の堆肥場には、堆肥が山のように積まれています。

家庭から出た生ゴミ、山から持ってきた落ち葉、植木屋さんに貰う木や枝のチップ。そこに家畜の糞尿を混ぜて切り返し（上部と下部を混ぜ、空気を入れることで微生物の動きを活発化すること）を行い、1年以上経過させてから畑や田んぼに撒きます。微生物たっぷりの、農作物に最高の土ができるそうです。

良い土があれば、あとは野菜が育つのを待つだけ。とは言っても、いろいろな難関があります。無農薬と聞いてまず思いつくのは虫と雑草による被害です。アブラムシなど、野菜づくりにとって害となる虫が当然湧くように出てきます。しかし、ほとんどの害虫は正義の味方に退治してもらえるそうです。害虫が出ても、ちょっと待っているだけで、テントウムシやヘビ、トカゲなど、金子さんが正義の味方と呼ぶ益虫などが勝手に増えて害虫を食べてくれるのです。天敵がいない虫に限っては人間の手で退治する。もしくは虫が出ない時期を見極めて野菜をつくる工夫をする。

「簡単なことですよ」。金子さんはさらりと言います。農薬を使っても、虫は世代交代が早いのですぐに免疫を持った種類が出現するそうです。しかも生存のための防衛本能が働き200個の卵を産んでいた種が600個の卵を産むこともある。そうなると、より強く人体にも悪い農薬を薪かねばならないという人間と虫のいたちごっこ、近代農業の悪循環が起きるのです。

雑草はというと、こちらも霜里農場なりの工夫があります。お米の場合は田植え前に2度、代掻《しろか》き（水の入った田んぼをトラクターでかき混ぜること）をした後、水の嵩を増やし、大きい苗を植えることで初期の雑草を抑えます。さらにアイガモに助けてもらうと、もうコナギやヒエに悩まされることはないのだそうです。

畑も苗の時期に土そのものを自然分解される紙のシートで覆うことでだいぶ雑草を押さえられます。もちろん、それでも雑草は出るので、草刈りはします。刈られた草は家畜たちのエサとなり、家畜の糞は良質な土として畑に戻ってくるのです。

こうして、農薬や化学肥料を使わなくても、金子さんが長年培ってきた技術を土台に、自然の恵みのなかで良い循環が行われているのです。

◇さまざまな工夫

◆家畜たち

金子さんの農場には家族同然に扱われる家畜たちがいます。

牛３頭にニワトリが２００羽、アイガモが１００羽。３ヘクタールにはちょうどいい数だそうです。刈られた雑草やワラは主に牛に与えられます。野菜のクズや家庭からの生ゴミは鳥たちのエサとなります。その代わり、牛からは牛乳、ニワトリからは卵を頂き、アイガモは肉となります。もちろん、彼らの糞尿は貴重な有機肥料として畑へと還っていくのです。すべてはひとつとして無駄のない循環の流れのなかにいます。

◆エネルギーの循環

田んぼや畑での循環の流れを確立した金子さんが、次に考えたのはエネルギーの循環と自給でした。石油ショックを体験した金子さんは、いつかはなくなる資源にできるだけ頼らない方法はないだろうかと常に模索してきたのです。

◆太陽光

母屋の天井には電気をつくり出す大きなソーラーパネルがありました。そのため、毎月の電気代はわずかで、余剰の電気を電力会社に買ってもらうこともあるそうです。井戸水も太陽光エネルギーで汲み上げる仕組みで、家畜を囲う電気柵もソーラー電気で動いていました。

また、太陽の光を十分に利用しようと考えられたガラス温室もあります。温室を

右：　紙マルチと呼ばれるシートで雑草を防ぐ。紙のシートは土に還る
左：　バイオディーゼルで動くトラクター

一面ガラス張りにすることによって、冬でもなかなか暖かいそうです。畑には南の方角を向いたプラスチックの巨大チューブが何本も立てかけてありました。これは温水器と呼ばれ、太陽の熱でチューブ内の水をお湯にする装置で、お湯は台所やお風呂で利用されています。

◆薪ボイラー

　間伐した木や、枝打ちされた枝、倒れた木、建築廃材など、田舎ではとにかく薪が手に入りやすい。これを活かさない手はないと、設置したのが母屋の脇にある薪を使ったボイラーです。薪を燃やして、お湯をつくるというシンプルな構造。できたお湯はお風呂と床下のパイプを巡る仕組みになっていて、冬季は床暖房の役割を果たしています。

右：　家畜の電気柵はすべてソーラーパネルで電気を供給
左：　硫化水素を脱硫装置で除去した後のメタンガスを利用します

◆バイオガス

霜里農場では、なんと人間の糞尿も循環の流れに組み込まれているのです。トイレから汲み取った人間の糞尿は地中に埋められたバイオガスの発酵層に投入されます。空気がないところで嫌気性発酵が行われ、バクテリアに分解された糞尿は液体肥料とメタンガスに変換されます。液体肥料は畑や田んぼへ、メタンガスは料理用のガスとなります。

◆バイオディーゼル

３ヘクタールの広大な田んぼと畑。耕耘機とトラクターが必要です。ここにも霜里農場ならではの工夫がありました。トラクターは天ぷら油などの廃食油、バイオディーゼルと呼ばれる燃料で動いていました。ガソリンやディーゼル燃料よりも、植物由来のこの燃料の方がずっと自然に優しいそうです。

◇モッタイナイがひとつもない

霜里農場にいると、これ以上削るものや無駄なものは一切ないように感じられました。「循環のことで考えられることは、とにかくすべて実践している」と断言する金子さんの言葉そのもの。まさしくすべてが自然の力を借りて、うまく循環していました。

ここはまるで、循環システムの実験場のようでした。

「これからは、霜里農場で実現できたことを面へと広げていきたいと思っています。ひとつの農場単位から集落単位、町全体での循環システムをつくりあげるのが課題なのです」

金子さんのいる小川町なら、それができるのではないでしょうか。日本の農村の未来モデルを垣間見た気がしました。

3 これからの有機農業

◇直感力

１９７１年、日本で有機農業研究会が発足したときに、30名の立ち上げメンバーのなかに、当時22歳の金子さんがいました。有機農業という言葉が、ほとんど存在すらしなかった時代。有機農業を始めたきっかけを振り返り、「直感力だねぇ！」と金子さん。

１９７０年にコメの減反政策が始まり、主食であるコメを国が大事にしなくなったといいます。コメを輸入しなければならない時代が、いつかやってくるだろうと金子さんは感じたのです。また71年は公害元年とも呼ばれ、工業の発展とともに、さまざまな公害が社会問題化していました。「とにかく安心で安全な食べ物をつくり、環境を守り育てる。そうすれば、きっと、誰か同感する人が支えてくれるに違いない」金子さんはそう直感し、有機農業を始めました。

当時日本には約２０００万の世帯がありました。対して農業従事世帯は約５００万。ひとつの農家が４世帯分の農産物をつくれば日本は有機農業でも完全自給ができると思ったのです。

「まずは10世帯分の作物を有機農業でつくろう」

そこで始めたのが、当時としては非常に先進的だった提携型農業です。特定の世帯と契約をして、農産物を直接届ける手法。最初は試行錯誤で問題も起きましたが、今でも30件の世帯と提携を続けており、これが霜里農場の経営のひとつの核となっています。もっとも、現在はあまりに人気が高く、霜里農場と提携契約を結ぶのは不可能に近いのですが……。

◇30年という時間

小川町で有機農業を始めた当時を振り返り「壁も壁だらけ、壁しかなかったよ」と金子さんは言います。村からも農協からも、周囲の人からも変

共同生活をし有機農業を実践しながら学ぶ研修生たち

人扱いされ続けたとのこと。

行政はなにも教えてくれない。ノウハウも教本もどこにもない。有機農業の技術や方法は、すべて試行錯誤しながら数少ない仲間と一緒に、自らが生み出していかねばならなかったのです。

世間に認められるまでにかかった時間は30年だそうです。コツコツと、ひたすら自分の信念のままやってきて、ようやく周囲が変わってきたのはごく最近のこと。その間、金子さんには数多くの有機的と呼ぶ仲間やネットワークができました。

最初は小川町でただひとりの有機農業者だった金子さんですが、噂を聞きつけて、弟子や研修生となる人がやってきたのです。彼らはやがて小川町や日本各地で有機農家として独立します。その彼らにも弟子ができ、その弟子が独立する。こうして、今では小川町だけでも25件ほどの有機農家が育ったのです。今でも霜里農場は年間７～８名の研修生を受け入れています。取材日には日本人４名、韓国人２名の研修生がいました。

「人間の最も基本である食を通じて生計を立てていきたい。それも安全な有機野菜で」

研修生のひとりが言いました。休日もあまりなく、労働時間は太陽が出ている間という決して楽ではない状況のなかで、充実していると誰もが感じているようです。20代～30代が多く、彼らの目線の先には明るい未来が見えるような気がしました。

◇地域とともに

今、霜里農場は地域のなかで、新たな局面を迎えています。これまでは食に敏感な都会からの注目が高かったのですが、周辺地域の人も小川町の有機農業に目を向け始めたのです。

5年ほど前から商店街に誘われ朝市に作物を出すようになり、そこでつながりができた商店街の人とジャガイモを一緒につくって収穫祭を行うようになりました。これまでも加工食品を地域の専門業者とつくっていましたが、地域とよりつながることで、その種類も増えてきました。今では霜里農場がつくった農産物は、醤油や豆腐、日本酒、納豆、乾麺、ソーセージへと加工され、地域ブランドとして売り出されています。なかでも豆腐は売れ行きが好調で、今では霜里農場だけでなく、周辺の集落全体で5ヘクタールの大規模な有機大豆の栽培が行なわれるようになったのです。地域集落の人も、小川町の人も、これからの有機農業の持つポテンシャルに気づきつつあるのだと思います。「有機農業で地域興しが行われたモデル地」として、小川町の名前が全国に響くのもそう先の話ではなさそうです。

◇気候変動と霜里農場

順調そのものに見える霜里農場にも、異常気象と気候変動の影響が起きています。

「15年前から気候が読めないようになった」と金子さんは言います。１００年に一度と言われた冷害、80年に一度といわれた雹《ひょう》、そして２００７年は夏が1か月長かったそうです。昔だったら、老人に話を聞けば、その土地の天気を知ることができましたが、今ではあまりにも異常気象が頻発し、昔の気候が当てにできないそうです。

　天候に合わせて多種多品目栽培を行っている金子さんは、ほとんどの気候差に対応してきました。しかし２００７年の夏の異常な猛暑を、「この夏はどうしようもなかった。30年以上有機農業を続けて構築してきた論理が覆されるような異常な気候だった」と言います。しかし、金子さんには天地の変化を読んで、対応する技術があります。異常気象の影響を知れば、翌年にはすぐ対応ができるのだそうです。

　最近の温暖化や気候変動で、科学に頼った日本の近代農業はさらに打撃を受けていくでしょう。温暖化が進めば進むほど、皮肉なことに金子さんたちの有機農業が存在感を増し、光り輝いていくのではないでしょうか。

夏の異常気象で虫食いが多くなったハクサイ

◇これからの日本の食

「今後は食とエネルギーが日本の最大の問題になってくる」

金子さんは危機感を抱いています。確かに私たちは大きな危機に直面しつつあるのだと思います。日本の食糧自給率はたったの39％（２００７年度、カロリーベース）しかありません。しかも農業従事者の多くは65歳以上の高齢者なのです。生命の基本となる農業を、先進国で最も大事にしてこなかった国、それが日本だと、これまで金子さんは言い続けてきました。本来なら農業の上に成り立つべき工業なのに、工業だけが常に重要視され続ける特異な国なのだ、と。

一方、うれしいニュースも聞くことができました。この数年で有機農業の就農希望者が爆発的に増えているというのです。農業従事者の減少が鈍化し、新規就農者が増えてきたという農水省のデータもあります。さらに、２００６年の暮れには「有機農業推進法」が成立し、これからの有機農業には、かなりの追い風が吹くと金子さんは予想します。

「10年後、有機農業で日本の自給率が50％にあがる日が来るかもしれない」金子さんは明るい希望を持っています。

「日本という国は明治維新・敗戦というように、常に１８０度の変革を遂げてきた。農業の世界でもきっとそのような変化が起きるに違いないよ」と。

金子さんたちが、30年以上かけて安全で環境に優しい食への土台と道しるべを築いてくれました。それでは、私たちにひとりひとりになにができるでしょうか。

身近な場所に農地があれば、作物を少しでも自給するのもいいでしょう。思い切って有機農家を目指すのもすばらしいと思います。そのハードルは高いと感じても、まだできることはあります。それは選択というアクションではないでしょうか。季節ごとの旬の野菜を選ぶ。国内産、それも近くの産地で採れたものを選ぶ。産地が自分の家に近ければ近いほど、作物の輸送にかかるエネルギーを抑えることができ、国産を選べば国内の農業を支えることになり、国内自給率を上げることにつながります。そしてもちろん、価格が高くても環境を守り、体にも安心な有機野菜を選択する。

自然の恵みを尊重しながら、すべてが循環する霜里農場は、理想郷のような場所で

霜里農場の眺め
敷地面積は田んぼと畑で3ヘクタールあります

した。これからの日本の食と環境を考えると、金子さんや有機農家の存在はとても大切です。ただ、それと同じくらい重要なのは消費者としての私たちひとりひとりの意識でもあるのだと、強く感じたのでした。

森を育て、人を育てる

「富良野自然塾」の試み

循環し永続する場所づくり **4**

岡野 民（取材・文）
（Think the Earthプロジェクト）
上田 壮一（取材・写真）
（Think the Earthプロジェクト）

2006年8月3日掲載

北海道富良野市。旧富良野プリンスホテルのゴルフ場跡地で始まった、「富良野自然塾」の活動が注目されています。旧富良野プリンスホテルのゴルフ場といえば、かつては、アーノルド・パーマーが設計したことでも知られた名門コースでした。その6ホール分、約35ヘクタールに50年間で15万本の木を植え、壊された森を、再び森へと還そうというのです。また、そのフィールドを使って、体験型の環境教育を実践。この「富良野自然塾」を立ち上げ、塾長を務めるのは、脚本家の倉本聰さんです。

初夏の北海道。遠く十勝岳と大雪連峰を望むその地を訪ね、始まったばかりの「富良野自然塾」について、倉本さんにお聞きしました。

倉本聰（くらもとそう）
１９３５年東京生まれ。東京大学文学部美学科卒業。１９５９年ニッポン放送入社。１９６３年に退社後、シナリオ作家として主にテレビ作品の執筆を手がける。１９７８年から富良野に暮らし、脚本家と俳優の養成学校、「富良野塾」を主宰。２００５年、「ＳＭＢＣ環境プログラム　Ｃ・Ｃ・Ｃ富良野自然塾」を設立。２００６年６月よりフィールドでの本格的な活動をスタートさせる。代表作に『前略おふくろ様』『北の国から』『昨日、悲別で』『優しい時間』などのテレビ作品、『冬の華』『駅』などの映画作品をはじめ、『ニングル』『谷は眠っていた』など著書多数。

１　地球の奇跡を知り、扉を開ける

旭川空港から車で約１時間。富良野西岳の麓に建つ旧富良野プリンスホテルの裏手に、「富良野自然塾」のフィールドはあります。活動の柱は大きくふたつ。ひとつは、植樹をして自然の生態系を回復させる「自然返還プログラム」。もうひとつは、フィールド内のさまざまな仕掛けを使ったワークショップで自然との関わりを実感させる「環境教育プログラム」。

活動が本格的にスタートしたのは２００６年６月のこと。２年間で４８００人以上の人が各プログラムに

参加したといいます。

「地球がほかの惑星とは異なる奇跡の惑星だということ、だからこそ大切にしなければならないということを、頭ではなく、体で、感覚でわかってもらいたい」と塾長の倉本聰さんは言います。

「学ぶということの方向性を変えたいんです。森のなかに入って、森の木の名前を覚える必要なんてないんです。それは、知りたくなったら知ればいい。まず地球の不思議を体験し、本筋を知ってもらうことから始める。自然塾の活動は〝環境に目を覚まさせる扉〟だと思っています」

2 体験がすべての始まり。環境教育プログラム

倉本さんの言葉の真意は、実際に「富良野自然塾」のプログラムを体験してみるとよくわかります。と言うよりも、本当のところ、体験してみないとわからない……。

活動の柱のひとつ「環境教育プログラム」は、まず息を止め、自分たちが呼吸によって取り込む酸素の必要性に、あらためて気づくことから始まります。息を止めて数十秒もすると、当然ながら苦しくなってきます。酸素が体に入ってこなければ、5分も経つと私たちは生命の危機に直面してしまう生き物。その酸素をつくっているのは、森の木々の〝葉っ

ぱ〟だと教えられます。風にそよぐ葉の音に耳をすましながら、そのことを認識し直す瞬間は、周囲の自然にガツンと頭を叩かれるような、まさに、目の覚める瞬間。

次に、五感を取り戻すいくつかのプロセスを体験します。嗅覚や触覚、ふだんの生活で視覚偏重に陥っている都市生活者にとって、五感を取り戻すプロセスは学びの前の準備体操のようなもの。その後、地球と月と太陽の距離、大きさや引力の関係、地球の表面積に占める森や海の比率など、地球がいかに奇跡的な惑星で、危ういバランスの上に成り立っているかを学んでいきます。森のなかに点在する石のオブジェを使って、わかりやすく、直感的な表現で伝えられる地球の姿。それは、知っているつもりだった自分たちの住処、地球に対する驚きの連続です。

◇一歩１０００万年　踏みしめて歩く「地球の道」

「環境教育プログラム」のハイライトとなる体験が、「地球の道」です。「地球の道」は、地球46億年の歴史を４６０メートルに縮めた道。「一歩１０００万年ですよ」と言われると、踏み出す足に重みが……。

インストラクターの解説を聞きながら、この道を30分ほどかけて歩くと、高熱、凍結を繰り返し、生物が誕生し、恐竜時代や氷河期を経て現代に至る、長い長い地球の歴史の全体像が、感覚的に捉えられるようになっています。

46億年が４６０メートルだと、現世人類（ホモサピエンス）が登場してから現代までの20万年は、ゴールの手前のたった２センチメートル。20世紀の１００年間なんて０・０１ミリメートル。もう、線で示すこともできません。４６０メートルを歩き終え、この先に続くであろう道を目の前に思い描くとき、その道に人類の歴史が記されているか、否か。思うこといろいろ、普段の生活とはまったく違うスケールで、地球や時間と向かい合うことができます。

◇想像力を刺激する、伝え方の重要性

「環境問題というと、理科系の人たちが出てきて、専門的な言葉を使い、数字ばかりで説明しようとする。それではわからないし、科学アレルギーのようになってしまう。一般の人にわかりやすく伝えるためには、どんな表現をすればよいのか。そこを考え、変えていくことが、環境問題に対する突破口だと思うんです。

数字ではなく、イメージできる言葉を使って伝える。例えば、子どもたちにあの木は

樹齢30年、と言うより、あの木と君と、どっちが長生き？　と聞く。最初にデータを与えてしまうと、データがすべてになり、想像力が衰退してしまう。もっと噛み砕いて、言葉を選んで、絵として頭に入ってくるような比喩を使っていかなければダメです。

われわれは〝地球の道〟の解説で、〝地球温暖化〟ではなく、〝地球高温化〟という言葉を使っています。温暖という言葉は〝暖かくて快適〟という意味で、現在の危機的状況を伝えるのには不適切。いや、不謹慎ですよ。言葉の問題は大きいと思います」

左：　参加者同士が声をかけ合い目隠しで歩く「裸足の道」
(写真提供：C.C.C. 富良野自然塾)

下：　フィールド内にある１メートルの石の地球と自然塾の教頭先生である林原博光さん。石の地球の約30メートル先には、同じ縮尺の月が置かれている。宇宙に浮かんで地球と月の関係を見ているような不思議な体験だ

「地球の道」の沿道に並べられたオブジェはすべて、倉本さんのアイディアを形にしたもの。インストラクターによる解説のベースは、倉本さんが書き下ろしたシナリオです。参加者の年齢や人数、その時々の反応に合わせてインストラクターが適宜演出を変え、わかりやすく、面白く、解説してくれます。それはまるで、「地球の道」という演劇の屋外公演のよう。

「富良野自然塾」のインストラクターには、倉本さんが主宰する脚本家と役者の養成学校「富良野塾」の卒業生たちもいます。想像力を刺激する伝え方の上手さ、楽しんで過ごせるような工夫の数々は、倉本さんに鍛えられた表現の質の高さを感じます。

「地球の道」ではインストラクターがユーモアを交えながら地球の成り立ちを説明してくれる
(写真提供：C.C.C 富良野自然塾)

3 なぜ木を植えるのか。自然返還プログラム

では次に、「自然返還プログラム」について。冒頭でも書いたように、「50年で15万本の木を植え、森に還し、自然の生態系を回復させる」という、壮大かつ前例のないプロジェクトに参加するカリキュラムです。

森で採った種から育てた苗や、フィールドで自然に育ちつつある木の苗を数種類組み合わせ、主にカミネッコンを使って植えていきます。カミネッコンとは、北海道大学の名誉教授である東三郎氏が開発した段ボール製の植樹用ツール。

段ボール製の植樹用ツール、カミネッコン

この「自然返還プログラム」で倉本さんが大切にしていることは、「なぜ森へ還すのか、なぜ木を植えるのか、その目的をはっきりさせること」だと言います。

「なんのために木を植えるかと言えば、それは、〝葉っぱ〟が欲しいから。なぜ〝葉っぱ〟が欲しいのか。それは〝空気と水〟をつくってくれているものだから。木を植える理由の多くはこれまで木材のためだった。木材はお金になるから。〝葉っぱ〟はお金にはならないけれど、私たちが生きていく上で一番大切なものをつくっている。だから〝葉っぱ〟のために木を植える。〝空気と水〟のために森を育てる。ただ森林再生といっているだけじゃ、ダメだと思うんです」

木々の葉が太陽の光を浴びて光合成を行い、二酸化炭素を取り込み、空気中に酸素を放出しています。森の地面に水が蓄えられるのも葉のお陰で、雨を受ける傘のような役割もするし、地面に降り積もって、湿ったスポンジのようにもなってくれる。木を植える前に、そのことを思うと思わないとでは、力の入れようがずいぶん変わってきます。

◇森は自らの力でも森に戻ろうとしている

準備期間も含めた最初の1年間、フィールドに出て倉本さんが一番気になったのは、天然実生《みしょう》の生命力だったといいます。天然実生とは、自然にまかれた種子から芽を出し、成長した小さな木のこと。フィールドのあちらこちらに、その小さな木を見つけることができます。

「天然実生があれだけあるということは、つまり、森は自分で森に戻ろうとしている。50年で15万本と言って始めたけれど、実際には50年かからないと思います。

僕の自宅にあるハルニレは、15年くらい前に植えた木なのですが、今年初めて種をつけ、まき出した。植えたときは1メートルくらいの苗木で、芽を出してから5、6年経っていたとすると、15年プラス5、6年。つまり、20年くらい経つと種をまき出すわけです。自然塾のフィールドでも同じことが起こるでしょう。

そうなると、僕らがひとつひとつ種を拾い、育てて植えているよりも、はるかに早く、自然の力で森に戻っていく。下草刈りをして種が芽を出しやすいようにしたり、育ちやすいように間伐をしたりする必要はありますが、僕らは森の手助けをするに過ぎないのだと実感しています」

4 開発地の今後の選択を変える、大きな布石に

「森が増えれば、環境は確実に変わるんです。地球全体のことを考えると、本当は、うちの自然塾の34ヘクタールでは、屁の足しにもならないんですよ。北海道では閉鎖されるスキー場がこれから増えていくと思いますが、スキー場の削られた山だっ

植林風景
(写真提供：C.C.C 富良野自然塾)

て、森に戻すことができるはずです。この事例に着目した取り組みが、日本のみならず、世界中に広がっていってほしいと思っています」

開発によって壊された森を、多くの人の手と、長い長い年月をかけ、森に還すというストーリーは、時代や価値観の変革を象徴しているように感じます。木を植えるとき、きっと誰もが心も植える。そのことで人が集い、新たな輪が生まれ、持続できる社会の礎を築く、という活動の事例は、開発地の今後の選択を、大きく変える可能性を持っています。

5 富良野にいらっしゃい

最後に、「地球リポート」の読者へのメッセージを倉本さんにお願いしたら、
「とにかく、富良野にいらっしゃい」
と間髪入れずに、きっぱりひと言。

軍手をして、スコップを持って、大地と格闘し、汗を流して木を植える。写真で見るより、ずっとずっと重労働、言うとやるとではまったく違う。大人も子どもも夢中になって、葉っぱのつくり手になる
(写真提供：C.C.C. 富良野自然塾)

「体験してもらうしかないですから」と言って笑った後で、こう加えてくれました。

「頭で考えないで、地べたの上に一歩を踏み出すこと。結局、環境問題に対して一番強いのは、黙って実践している人が、増えていくことしかないんです」

C.C.C. 富良野自然塾
http://furano-shizenjuku.yosanet.com/
北海道富良野市北の峰町17番51号
電話：0167－22－4019
FAX：0167－22－5385
Mail ：shizenjuku@furano.ne.jp

新しい時代の新しいキーワード「半農半Ｘ」

循環し永続する場所づくり 5

岡野 民（取材・文）（Think the Earthプロジェクト）
上田 壮一（取材・写真）（Think the Earthプロジェクト）
2008年6月6日掲載

21世紀の生き方、暮らし方のキーワードとして、「半農半Ｘ」（はんのう・はんえっくす）という言葉が注目されています。半農の「農」は、小さな農のある暮らし。半Ｘの「Ｘ」は、個人の社会的使命であり、天職を指します。半分農業、半分仕事、なのではなく、双方はともにあり、触発し合う間柄。「健康で持続可能な小さな農のある暮らしをし、与えられた才能や大好きなことを世に活かす生き方」が、「半農半Ｘ」です。

興味深いのは、それが単なる田舎暮らしのススメではなく、都会でも可能な暮らし方のスタイルであることです。この言葉の生みの親であり、半農半Ｘ研究所の代表、塩見直紀さんを京都・綾部に訪ねました。

塩見直紀（しおみ　なおき）

半農半Ｘ研究所、コンプトフォーエックス代表。１９６５年京都府綾部市生まれ。カタログ通販会社、フェリシモを経て、２０００年、半農半Ｘ研究所を設立。市町村から個人までの「エックス＝天職」を応援する「ミッションサポート」と「コンセプトメイク」がライフワーク。「使命多様性」溢れる世界を目指す。また、「里山ねっと・あやべ」のスタッフとして綾部の可能性や里山的生活を市内外に向けて発信。著書に『半農半Ｘという生き方　実践編』『綾部発　半農半Ｘな人生の歩き方88』『半農半Ｘの種を播く―やりたい仕事も、農ある暮らしも』などがある。

1　「半農半Ｘ」というコンセプトの発見

京都から山陰本線・特急で北に行くこと約1時間。丹波高地を源に若狭湾へと注ぐ清流、由良川が流れ、豊かな里山と田園の風景が広がる街、綾部。「半農半Ｘ」というコンセプトは、塩見直紀さんの生まれ故郷であるここ綾部から発信されています。

塩見さんは、高校までを綾部で過ごし、大学卒業後、１９８９年に通販会社のフェリシモに入社。10年間のサラリーマン生活を経て、１９９９年に綾部へとUターン、翌

２０００年に半農半Ｘ研究所を創設します。「半農半Ｘ」というコンセプトを〝発見〟したのは、サラリーマン生活のなかば、１９９５年ごろのこと。屋久島在住の作家・翻訳家、星川淳氏の著書のなかで、氏の生き方である「半農半著」という言葉に出会い、触発されたことが始まりでした。もともと塩見さんのなかにあった環境問題への意識と、いかに生きるかという問い。「半農半著」はこのふたつを結びつけ、「21世紀の生き方、暮らし方のひとつのモデルになると直感した」のだと塩見さんは言います。

そして、塩見さん自身が「自分にとって〝著〟にあたるものはなにか」と考え続けるなかで、誰もが持っている可能性や長所を「Ｘ」で表現する「半農半Ｘ」というコンセプトが生まれました。

2 農を始める――アイディアの出る身体づくりと哲学の時間

塩見さん自身が自給農を始めたのは、「半農半Ｘ」というコンセプトの発見と同時期のこと。綾部から京都市へ通勤しながら、田んぼ８畝（約８００平方メートル）でのスタートでした。現在は３反（約３０００平方メートル）の田んぼを所有し、都心からの週末農業希望者などにもその場を提供しています。

「半農半Ｘ」のベースになっている「農」は、大規模な農業ではなく、家族の自給程度の「小さな農」です。地球規模で広がる食料不足や日本の食糧自給率の低さに関心が集まり、自給自足への意識が高まるなか、命に直結する農に関わることは、これからますます重要なアクションになっていくでしょう。そのことと同時に、この「小さな農」のある暮らしは、感性や感受性、アイディアを培うためのベースになることに、塩見さんは大きな意義を感じています。

「僕は感性や感受性、センス・オブ・ワンダー（自然の神秘さや不思議さに目を見張る感性）を大事にしていきたいと思っています。〝農〟があることで、そういった

右：　毎年５月下旬に家族で行われる塩見家の田植え。故郷綾部にＵターンして10年、米づくりを始めて今年で13年目になる

左：　３反の田んぼを12区画に分け、「半農半Ｘ」的生活を望む都心（京阪神）の希望者に農地提供をしている。１区画170平方メートル程度で、年１万円。月２回程度通い、お米を育てる家族の姿はなんとも楽しそう。170平方メートルでお米50キロ程度を収穫できる

感性と、生きていく力としてのアイディアが生まれる。僕は〝アイディアが出る身体〟というのがあると思っていて、身体がこわばっていたり、固まっていたりすると、アイディアも出ようがない。もっとやわらかく、頭も身体も、もっとしなやかに生きられるんだ、ということに気づく場所や時間が大切だと考えています」

塩見さんの「農」は感じ、考える農でもあり、田んぼは生産の場であると同時に哲学の場。そこで得たことが「Ｘ」へとつながっていきます。

3 Ｘを見つける——社会を変えていく力を発掘、発信

綾部のような場所でなくても、市街地から少し足をのばせば、耕作放棄地、遊休地が多く見られる今、農地探しはさほど難しいことではないのかもしれません。小さな農の試みは、マンションのベランダからでも始められます。都市での実践については後にご紹介しますが、「半農半Ｘ」という生き方を探る一番のポイントは、Ｘ＝天職がなにかを見つけること。「あらゆることはＸさえ見つかれば解決するといってもいいくらいです」と塩見さん。Ｘ発掘のきっかけになる場づくりに力を注いでいます。

そのひとつが、月に一度開校している１泊２日の小さな学校「半農半Ｘデザインスクール（ＸＤＳ）」。綾部の静かな空間で、Ｘについて、これからの生き方について考える時

間を過ごす、というものです。宿泊先は綾部在住の芝原キヌ枝さんが運営している農家民泊「素のまんま」。２００８年６月から「半農半Ｘカレッジ東京」もスタートしました。

また、天職発見法研究所（http://blog.goo.ne.jp/xmeetsx）では天職を発見する30近くのヒントをワークショップ形式で紹介。「肩書きを自分で考えるということも、Ｘを発見していくことのひとつ」と考える塩見さんは、21世紀の肩書き研究所（http://ameblo.jp/kataken）も開設し、ユニークな肩書きの数々を紹介しています。それもこれもすべて、Ｘ発掘のため。「与えられた才能や大好きなことを世に活かす生き方」が、これからの社会を変えていく一番の力になると考えているからです。

Ｘは誰もが持っている可能性であり、本来多様であるべき社会との向き合い方です。さて、あなたのＸはなんですか？　あなたの肩書きはなんですか？

農家民泊「素のまんま」にて。芝原キヌ枝さんを囲んでの「半農半Ｘデザインスクール」の様子。関東近郊からの参加者が半数という

4「半農半Ｘ」は都市でも可能

「半農半Ｘ」はとてもオープンなコンセプトです。「小さな農のある暮らし」に〝こうでなければならない〟という決まりなどなく、「Ｘ＝天職」は千差万別。そのコンセプトに惹かれたたくさんの人たちがすでに日本各地でそれぞれの試みをスタートしています。

塩見さんの著書『半農半Ｘの種を播く――やりたい仕事も、農ある暮らしも』では、東京在住の「半農半豆腐屋」、栃木県鹿沼市の「半農半麻紙アーティスト」など、30名近い実践者たちの声が紹介されています。『半農半Ｘという生き方 実践編』でも、15名の実例をＸ探しのヒントとともに紹介。アイディアに満ちたその生活に勇気を得た人が、自分なりの「半農半Ｘ」を始めるという循環が生まれています。

考えてみると、都会で生活している私たちの多くは「農」も「Ｘ」も持っていない人が多いと思います。サラリーマン生活をしていても、「これが本当に自分の仕事だろうか」と悩んでいたり、毎日の暮らしのなかで自然と接したくても時間がないと嘆いていたり。いきなり農業に転職するには無理があるし、かといって、定年まで仕事人間を続け、第2の人生で「農」を、というのも気が長い話です。そんななか、地球環境問題や食料問題への意識ばかりが高まっていく……。

塩見さんは都市での「半農半X」的生活は可能だといいます。ベランダで小さな農を始め、自然と対話する時間を持つことでXが見えてくる。そんな気楽なスタートを推奨しています。

「とりあえず、1%でも土に触れること。鉢植でもいいから、野菜でも豆でも、とにかくなにか種を蒔いてみることです」

だったら、できるかも、と思わせてくれる。そこに「半農半X」というコンセプトの柔らかな強さがあるのかもしれません。

生活圏内の区民農園や市民農園を利用するという手もあるでしょう。都市農村交流を支援するNPOや農業体験を提供する農家の試みも増えています。一度始めてしまえば、方法はいくらでもあるはず。

「個人も社会もまだまだ能力を活かしきっていない部分がたくさんある。それを僕は〝4つのもったいない〟だと考えています。ワンガリ・マータイさんが言っている〝もったいない〟に加え、与えられた才能の未発揮、地域資源の未活用、多様な人材の未交流、未コラボ。これらをもっと活性化させることで、都市でも過疎地でも、新しい問題解決の方法や文化が生まれてくると思っています」

5 塩見流「半農半X」時間術

ところで、多くの人が「半農半X」というライフスタイルで最も気になるのが、時間の使い方、つくり方ではないでしょうか。農とXがともにあり、触発し合う関係のポイントは、いかにして自分の時間を持つか、ということがある気がします。塩見さんの理想の一日を聞いてみました。

「一日24時間中、寝る時間7時間。残り17時間のうち、5時間をXにあてる。一気に5時間集中をして、あとの12時間で畑をしたり、木工などの手作業をしたり、瞑想と散歩。食事もひじきや玄米を炊いたりして和食をいただき、ゆっくり家族で過ごす」

そのためには、職場と住まいが近い職住一体であること、できれば3世代住居であることが理想だと言います。ご自身の、とある一日の時間割を聞いてみると、なんと、夜明け前、午前3時に起床！

午前3時　：起床
↓　3時間ほどインスピレーションタイム。
↓　（思索、読書、原稿、ブログ更新など）
午前6時　：家族の起床／塩見さんは朝ご飯担当

← 家族で食事
午前8時：2時間ほど外でのインスピレーションタイム。
←（草刈りなど田んぼで農作業）
午前10時：2時間ほどXの時間。
←（自身で発行しているポストカード作成やエッセイやボランティアなど）
正午：昼食
午後1時：2時間ほどXの時間。
←（メールマガジン編集など）
午後3時：家族帰宅。ここからは家族の時間。
午後6時：夕食
午後8〜9時：就寝

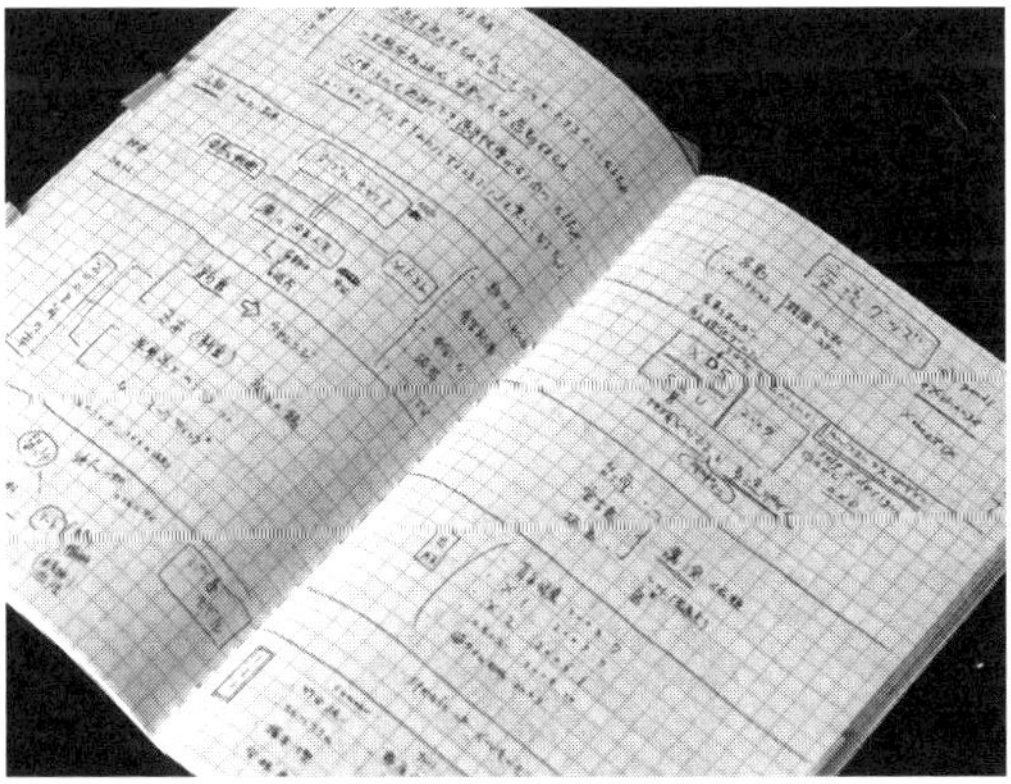

インスピレーションタイムに浮かんだアイディアを書き留めたノート。塩見さんは田んぼに行くときにもペンとノートを持ち歩いているという。「田んぼはアイディアの産地です。とにかく思いや気づきを文字化すること（書くこと）が大事。そして、生まれたアイディアを独り占めせず、シェアしていくことがなによりも大切です」

午前3時からのインスピレーションタイムは、コンセプトやキーワードなど言葉を発信するという塩見さんのＸの時間でもあり、どうやらこの時間に秘密がありそうです。

6 新しい時代の新しい言葉探し

塩見さんは読書家で、哲学者や詩人などが遺した言葉の数々を大切にしています。取材でお話しを伺うなかでも、私たちが忘れていた名言や先人たちの思想を伝えるフレーズが次から次へと出てきます。そんな「言葉の森」を通して塩見さんから伝えられる言葉は、簡潔で、心にずっしりと残ります。

「キーワード主義、キーワード派といってもいいかもしれません。インターネットの時代で、どれだけ深いところに届く言葉を発せられるか。多くの言葉は頭のなかに留まってはくれないけれど、キーワードならひっかかる。新しい時代に必要な法則なりコンセプトなりを探し、できるだけ〝携帯できる言葉〟にして提示したいと思っています」

ひとつの言葉が、もやもやしていた気持ちを晴らし、背なかを押してくれることがあります。「新しい時代には、新しい言葉が必要」なのだと、塩見さんは言います。「半農半Ｘ」は、まさに、多くの可能性を秘めた、新しい時代の新しい言葉。これからの地球環境について、違和感のない自分の生き方や暮らし方について、ただ漠然と「考えて」いるだけではなく、行動をしてみる。

まずは、小さな鉢植えに種を蒔くことから、始めてみませんか?

半農半X研究所公式サイト　http://www.towanoe.jp/xseed/

半農半Xという生き方〜スローレボリューションでいこう!

http://plaza.rakuten.co.jp/simpleandmission

写真提供:半農半X研究所

塩見さんが写真に撮りためている綾部の風景。春夏秋冬、里山の暮らしと身近な自然を慈しむ心が伝わってくる

著者略歴　掲載順

水野誠一（みずの せいいち）

慶応義塾大学経済学部卒業。西武百貨店社長、慶応義塾大学総合政策学部特別招聘教授を経て、1995年参議院選挙に比例代表で当選。同年、（株）インスティテュート・オブ・マーケティング・アーキテクチュア（略称IMA）設立、代表取締役就任。現在、バルス、オリコン社外取締役、森ビル特別顧問などのほか、ICSカレッジオブアーツ校長、Think the Earthプロジェクトの理事長を務めNPO活動にも取り組んでいる。

上田壮一（うえだ そういち）

Think the Earthプロジェクト・プロデューサー。1965年兵庫県生まれ。東京大学工学部卒、同大学院修士課程修了。96年、広告代理店を退社し映像やウェブサイトのディレクターに。地球時計wn-1の企画を機に、2001年にThink the Earthプロジェクトを設立。『百年の愚行』、『1秒の世界』、『気候変動+2℃』、『みずものがたり』などの書籍をはじめ、携帯アプリケーション「live earth」など社会性とデザイン性に優れた作品を次々と手がけている。

飯田航（いいだ わたる）

株式会社地球の芽 取締役。1978年長野県諏訪市に生まれる。東京農工大学農学部卒業。2003年より株式会社地球の芽（滋賀県近江八幡市）にて、約1000人が持続可能な暮らしを実践するコミュニティ「小舟木エコ村」の事業化を手がけている。その過程で出会った人々とのネットワークをいかして、地域の生態系に立脚したまちづくりを提案している。

バースリー 朝香（ばーすりー あさか）

Think the Earthプロジェクト推進スタッフ。関心は食とアートを通じた環境・社会問題への取り組み。翻訳・通訳・雑誌やウェブでの連載のほか、サステナブルな生き方のヒントや湘南でののんびりとした生活をブログ（Living with Art）につづっている。

齊藤 千恵（さいとう ちえ）

東京大学大学院農学生命科学研究科で緑地環境学を学ぶ。２００３年より小舟木エコ村プロジェクトに参加。環境共生住宅に関する研究・調査や、持続可能なライフスタイル啓蒙のためのイベントや政策の企画・提案を行う。また持続可能な生き方をテーマに世界各地の先駆者やモデル事例を訪問し、その取り組みを発信している。

原田 麻里子（はらだ まりこ）

Think the Earthプロジェクト・コーディネーター。環境ＮＰＯスタッフ、政党事務局スタッフなどを経て、設立時からThink the Earthプロジェクトに参加。ＮＰＯ／ＮＧＯの活動を多くの人に理解してもらうための橋渡し、情報提供を行っている。環境意識の原点は、実家の庭に埋めていた生ゴミに混じったプラスチックや金属が、土に還らず残っているのを経験したこと、だと思っている。

杉本あり（すぎもと あり）

大学卒業後、出版社勤務を経てイタリアへ留学。インテリアデザインを学ぶ。イタリア滞在中に学んだことは、デザインと生活は密接な関係にあるということ。エコ・デザインなど「暮らし」と「デザイン」をテーマに取材・執筆をしている。著書に『イタリア一人歩きノート』『イタリア一人暮らしノート』（大和書房）『フィレンツェ 四季を彩る食卓』（東京書籍）など。訳書に『クリムト 美と暗の妖艶』（昭文社）。

長野弘子（ながの ひろこ）

ジャーナリスト／翻訳家。90年代にニューヨークの出版社に勤務し、インターネットの草創期を取材する。2001年に帰国してからは、インターネットを媒介とした個人と企業との新たな関係性や、個人の情報発信・共有による市民活動、ソーシャル・ビジネスの可能性をテーマに執筆を続けている。著書に『シリコンアレーの急成長企業』（インプレス）、共著に『1日5分の口コミプロモーションブログ』（英治出版）、『Bloggers―魅惑のウェブログの世界へようこそ』（翔泳社）、訳書に『なぜYAHOO！は最強のブランドなのか』（英治出版）など。

岡野民（おかの たみ）

編集者。建築、デザインの分野を中心に、雑誌や書籍の企画、編集および執筆活動を行う。また、2001年よりThink the Earthプロジェクトに推進スタッフとして参加し、写真集『百年の愚行』の編集、書籍『1秒の世界』、『世界を変えるお金の使い方』、『気候変動+2℃』の編集、執筆などを手がけた。環境や社会に対するデザインの役割に注目し、新しいものづくり、場づくりの可能性に関心を寄せる。

加藤 久人（かとう ひさひと）

1957年東京生まれ。立教大学文学部仏文科卒業。有限会社バショウ・ハウス主宰。環境、エネルギー、温暖化対策、リサイクル、「働き方」などに関する執筆活動を通じて、21世紀のライノスタイルを提案している。趣味はウクレレ、三線。著書に『Q．O．L．のためのひとにやさしいものカタログ～ユニバーサルデザインアイテム59＋α～』（三修社）、『えこよみ07-08』（Think the Earth プロジェクト）など。

岩井 光子（いわい みつこ）

ICU卒。地元の美術館・新聞社を経てフリーに。2002年、行政文化事業の記録本への参加を機に、地域に受け継がれる思いや暮らしに興味を持つ。農家の定点観測をテーマにした冊子「里見通信」を2004年に発刊。現在、東京都国際交流委員会発行の「れすぱす」ライター、Think the Earth プロジェクトの「地球ニュース」編集スタッフ。群馬県高崎市在住。

森谷 博（もりや ひろし）

東京都下の農家に生まれる。TBSテレビに10年間勤務。ディレクターとしてドキュメンタリーを中心に製作。アマゾン先住民と出会うことで、自分本来の土に根ざした生き方を模索すべく退社。百姓・庭師修業の傍ら、パーマカルチャーを学ぶ。現在、「アトリエ 旅する木」主宰。東京都内で野菜づくりをしながらドキュメンタリーを製作し、7世代のちの子どもたちに残す未来を創造する試みを続ける。2008年現在、首都圏に暮らすアイヌ民族の声に耳を傾ける『TOKYO アイヌ』、および自然なお産を実践する愛知県岡崎市の産院、吉村医院の、2本のドキュメンタリー製作に携わる。
http://homepage.mac.com/walkinbeauty/

阿久津 美穂（あくつ みほ）

合同会社スローメディアワークス代表。明治学院大学卒業。在学中にニュージーランドの先住民族マオリの研究で大学留学。大学卒業後は企業の広報を経て、現在、エコ系の雑誌やウェブの編集、執筆などのメディア活動を展開中。

http://www.slowmediaworks.net

佐々木 拓史（ささき たくじ）

Think the Earth プロジェクト事務局。旅とアウトドアが大好きで、下は標高マイナス４００メートルから上はプラス６５００メートルまで、訪れた国は80か国以上。大好きな自然や固有の文化が開発とグローバリゼーションの名の下に失われていく流れを、少しでも止めたいと思って活動している。富士山麓での3年間の田舎暮らしを経て、農業のすばらしさを再発見。現在、都会暮らしをしながら自給自足ができるような農地を探索中。

編集：Think the Earthプロジェクト

「エコロジーとエコノミーの共存」を基本テーマに2001年に発足したNPO。世界中の企業やNPO・クリエイターを結び、環境問題や社会問題への無関心やあきらめの心を減らし、少しでも多くの人が地球のことを考え、行動するきっかけをつくりだしている。地球時計「wn-1」、携帯アプリ「live earth」などのほか、手がけた書籍に、写真集『百年の愚行』（紀伊國屋書店）、『えこよみ』（ブロンズ新社）、『1秒の世界』、『世界を変えるお金の使い方』、『気候変動+2℃』、『いきものがたり』、『みずものがたり』（以上ダイヤモンド社）などがある。ウェブサイトでも本書「地球リポート」をはじめ、日々、地球に関するさまざまな話題を掲載中。

www.ThinktheEarth.net/jp

あとがき

「地球リポート」は、２０００年にThink the Earthプロジェクトのウェブサイト上でスタートした企画です。私たちの活動のテーマとして掲げた「エコロジーとエコノミーの共存」という言葉が日本ではまだ一般的ではなかった当時、世界に目を向けてみれば、新しい時代を見据えた新しい活動が数多く始まっていました。21世紀が始まろうとしていた時代の空気のなか、その新しい息吹に直に触れたい、という想いをスタッフの誰もが持っていました。そこで実際に現地を訪れ、現場の活動を見て、生の声を聞き、それを読者に伝える場をつくろうと考えたのです。

以来２か月に１回のペースで掲載を続け、２００８年現在、取材に赴いた国もいつのまにか20か国近くになり、40以上のリポートが掲載されています。そのどれもが地球と人間の関係をポジティブに変え、大胆に未来に一歩を踏み出している活動ばかりです。本書には、そのうち主に環境をテーマとした17編のリポートが収められることとなりました。

Think the Earthプロジェクトは、２００１年の発足以来、環境や社会に対する、人々の「無関心」をなんとかしたいと考えて活動を続けてきました。ここ数年、確かに環境への関心は高まってきたように思います。最近よく聞かれる質問は「関心はあるのですが、なにから始めたら良いですか？」というもの。この質問に、私は半径３メートルでできることから考えてみては？　と答えるようにしています。例えば、毎日空を見上げることから始めてみる、次の会議に「環境」をテーマにした企画を出してみる、食卓で家族と地球についていろんな話をしてみる……日々の仕事や暮らしのなかの小さな行動でもいいのです。ひとりひとりの行動のつながりこそが、世界を変えてゆく原動力になるはずです。そうやって世界への関心（つながり）を持続していくことで、いつしか私たちは新しい未来と出会うことになるのだと思います。

本書には世界を変えようと、すでに行動を始めている人たちのアイディアや活動が多数紹介されています。取材を通して、私たちもたくさんのヒントをもらいました。皆さんの行動のヒントとなる種を、本書のどこかに見つけてくだされば幸いです。

７年にわたる「地球リポート」の連載にあたり、各リポーターの原稿をウェブサイトにまとめていただいた向井清二さん、英語への翻訳を担当していただいている森川由理さんに、この場を借りて御礼申し上げます。書籍化にあたっては清水弘文堂書房の礒貝日月さんをはじめ、編集スタッフの皆様にご尽力いただきました。シンプルで清々しい表紙カバーは武田英志さんのデザインです。心より感謝いたします。

最後になりましたが、取材対象を世界各地に拡げた、まさしく地球規模のリポートが可能になったのは、企画立ち上げ当初から支えてくださった株式会社ＮＴＴデータの皆様の理解と支援があったからにほかなりません。ここに深く感謝を申し上げます。ありがとうございました。

２００８年７月

上田壮一

Think the Earthプロジェクト

プロデューサー

「地球リポート」

http://www.ThinktheEarth.net/jp/ThinkDaily/report/

アサヒビール発行・清水弘文堂書房編集発売

ASAHI ECO BOOKS 刊行書籍一覧（2008年8月現在）

■1 環境影響評価のすべて

プラサッド・モダック／アシット・K・ビスワス著　川瀬裕之　礒貝白日編訳　2940円（税込）

「時のアセスメント」が流行の今日、環境影響評価は、プロジェクトの必須条件。発展途上国が環境影響評価を実施するための理論書として、そして国内各地の開発を見直すために、有用な一冊。（国連大学出版局協力）

■2 水によるセラピー

ヘンリー・デイヴィッド・ソロー　仙名紀訳　1260円（税込）

今、なぜソローなのか？　古典的名著『森の生活』の著者による、癒しのアンソロジー3部作、第1弾！　ソローの心を最も動かしたのは水のある風景だった―。

■3 山によるセラピー

ヘンリー・デイヴィッド・ソロー　仙名紀訳　1260円（税込）

乱開発の行き過ぎを規制し、生態学エコロジーの原点に立ち戻り、人間性を回復する際のシンボルとして、ソローの影は国際的に大きさを増している。

■4 水のリスクマネージメント

ジューハ・I・ウィトォー／アシット・K・ビスワス　深澤雅子訳　2625円（税込）

21世紀に直面するであろう極めて重大な問題は水である—。発展途上国都市圏における水問題から、東京、関西地域における水質管理問題まで。（国連大学出版局協力）

■5 風景によるセラピー

ヘンリー・デイヴィッド・ソロー　仙名紀訳　1890円（税込）

ソローがあらためて脚光を浴びている。ナチュラリストとして、エコロジストとしての彼の思想が今、先駆者の業績として広く認知されてきたからであろう。

■6 アサヒビールの森人たち

監修・写真 礒貝浩　文 教蓮孝匡　1995円（税込）

「豊かさ」って、なに？この『ヒューマン・ドキュメンタリー』は、この主題を森で働く人たちを通して問いかけている。「アサヒビールの森人たち」は、今の日本では数少ない、心豊かに日々を過ごしている人たちである。

■7 熱帯雨林の知恵

スチュワート・A・シュレーゲル　仙名紀訳　2100円（税込）

「私たちは森の世話をするために生まれた！」フィリピン・ミンダナオ島の森の住人、ティドゥライ族の宇宙観に触れる一冊。

■8 国際水紛争事典

ヘザー・L・ビーチほか著　池座 剛／寺村ミシェル訳　２６２５円（税込）

水の質や量をめぐる世界各地の「越境的な水域抗争」につき、文献を包括的に検証。２００以上の水域から収集された豊富なデータを提供する。（国連大学出版局協力）

■9 環境問題を考えるヒント

水野 理　３１５０円（税込）

環境省勤務の著者が集めた「環境問題を考えるヒント」。環境問題を考える人へ、まずはこの本を読んでください。

■10 地球といっしょに「うまい！」をつくる

写真と文　二葉幾久　１５７５円（税込）

アサヒビールの社員たちが、会社を環境保全型企業にするために地道に努力した記録です。これから本気で環境問題に取り組もうとしている人や企業に少しは役に立つかもしれません。

■11 カナダの元祖・森人たち

写真と文と訳　あん・まくどなるど　礒貝 浩（共著）　２１００円（税込）

カナダの森のなかに水俣病で苦しんでいる先住民たちがいる。彼らのナマの声を、豊富な写真とともに伝える一冊。２００４年カナダ首相出版賞受賞作品。

■12 いのちは創れない

池田和子　守分紀子　蟹江志保　共著　(財)地球・人間環境フォーラム編　２２００円(税込)

かつてはどこにでもいた生きものたちや、おかしながらの景観が失われつつある―。「生物多様性」ってなんだろう?その問いにこたえるべく、環境省の若きレンジャーたちが、日本の生きもの、そして日本の自然保護行政の歩みについて、わかりやすくかつ科学的にリポートする。

■13 森の名人ものがたり

森の〝聞き書き甲子園〟実行委員会事務局編　２３１０円(税込)

日本の山を守りのこしてきた名人たちの姿を、高校生たちが一所懸命に書きのこしました。

■14 環境歴史学入門　あん・まくどなるどの大学院講義録

礒貝日月編　２２００円(税込)

環境歴史学とは?　環境歴史学序論／人類誕生前後の地球／地球の人間化、人類移動／都市化／16世紀から19世紀までの事例研究／大気汚染の近代・現代史／水汚染の近代・現代史／アメリカにおける環境運動の歴史

■15 ホタル、こい!

阿部宣男著　二葉幾久編　１８９０円(税込)

困難とされるホタルの累代飼育に挑む、板橋区ホタル飼育施設の職員・阿部宣男氏。博士号取得論文としてまとめられたホタル研究の成果を、研究にまつわるさまざまなエピソードとともにお届けする。

■16 地球の悲鳴

陽 捷行　１９８０円（税込）

大地から、海原から、そして天空から痛切な悲鳴が聞こえる—。21世紀のわれわれに必要とされる、あらたな「知」とは？　環境問題と向き合うための必読１００書を一挙紹介!!

■17 アグリビジネスにおける集中と環境

三石誠司　２４００円（税込）

序章　研究の対象と論点および先行研究／第1章　種子業界における構造変化の歴史的展開／第2章　遺伝子組換え作物とバイオ燃料を中心としたアグリビジネスの展開／第3章　アメリカにおける食肉加工産業の集中と環境／第4章　アメリカの集中畜産経営体と環境問題

■18 誰もが知っているはずなのに誰も考えなかった農のはなし

㈱オルタナティブコミュニケーションズ　金子照美　１５００円（税込）

私たちは明治の人が近代化を進めて、世界でも有数の経済大国にしてくれたように、次の世代、あるいは百年後の日本に何を残してやるべきか、とりわけ農業や農地、水土里（みどり）の資源をどうしたらいいのか、「底の底まで掘りさげて考えこむべきとき」がきているのではないでしょうか。

■19 農と環境と健康

陽 捷行　２１００円（税込）

われわれはなぜ、人類や文明がい今、直面している数々の驚異的な危機に思いが及ばないのだろうか―。環境問題解決の糸口として今、「農医連携」がもとめられている。

■20 原日本人やーい！

あん・まくどなるど対談集　（財）地球・人間環境フォーラム編　１９８０円（税込）

古き良き日本の伝統や文化。それを育んだ農業、漁業、林業など基本的な人間の営みのなかに、わたしたちが忘れてしまった「持続可能な社会」への道しるべが隠されているのではないでしょうか―。

■21 田園有情

写真と文　あん・まくどなるど　監修　松山町酒米研究会　１９９０円（税込）

宮城県大崎市（旧松山町）を拠点とし、農山漁村フィールドワークを続ける著者が、撮りためた写真を一挙公開。農村の四季をつづる、フォト・ルポルタージュ。

■22 古代文明の遺産

高山智博　１５００円（税込）

日本人として初めてラテンアメリカの奥地へ足を踏み入れた著者が、古代より受け継がれてきた文明とそこに隠された地球観を紐解く。現代における地球環境問題へのカギを探る一冊。

清水弘文堂書房の本の注文方法

■電話注文03-3770-1922／046-804-2516■FAX注文046-875-8401■Eメール注文mail@shimizukobundo.com（いずれも送料300円注文主負担）■電話・FAX・Eメール以外で清水弘文堂書房の本をご注文いただく場合には、もよりの本屋さんにご注文いただくか、本の定価（消費税込み）に送料300円を足した金額を郵便為替（為替口座00260-3-59939　清水弘文堂書房）でお振り込みくだされば、確認後、一週間以内に郵送にてお送りいたします（郵便為替でご注文いただく場合には、振り込み用紙に本の題名必記）。

※本書の印税の一部は、Think the Earthプロジェクトを通じて社会貢献のために使われます。

地球リポート
ASAHI ECO BOOKS 23

発行　二〇〇八年八月一八日
編者　Think the Earthプロジェクト
発行者　荻田　伍
発行所　アサヒビール株式会社
住所　東京都墨田区吾妻橋一-二三-一
電話番号　〇三-五六〇八-五一一一
編集発売　株式会社清水弘文堂書房
発売者　礒貝日月
住所　《プチ・サロン》東京都目黒区大橋一-三-七-二〇七
電話番号　《受注専用》〇三-三七七〇-一九二二
Eメール　mail@shimizukobundo.com
HP　http://shimizukobundo.com/
編集室　清水弘文堂書房葉山編集室
住所　神奈川県三浦郡葉山町堀内八七〇-一〇
電話番号　〇四六-八〇四-二五一六
FAX　〇四六-八七五-八四〇一
印刷所　モリモト印刷株式会社

　ISBN978-4-87950-588-0　C0036